河堤崩岸不良地质与渗流耦合机制及模拟

主　编　曹彭强　朱士彬　李　巍
副主编　余金煌　马国栋　张景奎
参　编　马飞跃　郑宗文　杨　鳌

北京工业大学出版社

图书在版编目（CIP）数据

河堤崩岸不良地质与渗流耦合机制及模拟 / 曹彭强，朱士彬，李巍主编． — 北京 ：北京工业大学出版社，2021.4

ISBN 978-7-5639-7906-6

Ⅰ．①河… Ⅱ．①曹… ②朱… ③李… Ⅲ．①河流－堤坝－护岸－研究 Ⅳ．① TV861

中国版本图书馆 CIP 数据核字（2021）第 081790 号

河堤崩岸不良地质与渗流耦合机制及模拟

HEDI BENGAN BULIANG DIZHI YU SHENLIU OUHE JIZHI JI MONI

主　　编：曹彭强　朱士彬　李　巍
责任编辑：李　艳
封面设计：知更壹点
出版发行：北京工业大学出版社
（北京市朝阳区平乐园 100 号　邮编：100124）
010-67391722（传真）　bgdcbs@sina.com
经销单位：全国各地新华书店
承印单位：天津和萱印刷有限公司
开　　本：710 毫米 ×1000 毫米　1/16
印　　张：7
字　　数：140 千字
版　　次：2022 年 5 月第 1 版
印　　次：2022 年 5 月第 1 次印刷
标准书号：ISBN 978-7-5639-7906-6
定　　价：45.00 元

版权所有　　翻印必究

（如发现印装质量问题，请寄本社发行部调换 010-67391106）

主编简介

曹彭强 男，1984 年 10 月生，广东湛江人，毕业于河海大学，研究生学历，博士。现任职于安徽省（水利部淮河水利委员会）水利科学研究院，工程师，主要研究方向为水文地质。曾于《岩石力学与工程学报》发表《应力影响下粉质黏土的等效渗透系数计算》等论文，获 2015 年大禹水利科学技术三等奖。

朱士彬 男，1969 年 4 月生，安徽天长人，毕业于河海大学，研究生学历，硕士。现任职于安徽省（水利部淮河水利委员会）水利科学研究院，高级工程师，主要研究方向为岩土工程。曾于《水利水电科技进展》发表《夯实水泥土桩在加固某工程杂填土地基中的应用》等论文 10 余篇，获安徽省水利科技进步一等奖 1 项、水利部大禹科学技术二等奖 1 项、淮河水利委员会科学技术一等奖 1 项。

李巍 男，1984 年 1 月生，安徽颍上人，毕业于中国科学技术大学，研究生学历，硕士。现任职于安徽省（水利部淮河水利委员会）水利科学研究院，工程师，主要研究方向为岩土工程和水利建设运行管理。曾于《南水北调与水利科技》发表《桩心不在一条直线上水泥土截渗墙最小厚度测定》、于《水利建设与管理》发表《沂沭泗水系水闸运行安全管理状况调查研究及分析建议》等论文 10 余篇，获淮河水利委员会科学技术一等奖 1 项。

前 言

崩岸是沿江地带最突出的地质灾害，长期以来，国内外学者与工程技术人员对河堤崩岸进行深入研究，但因影响因素较多，对崩岸的认识在很大程度上仍处于经验阶段，对崩岸机理尚缺乏较系统的研究。渗流是导致河堤崩岸的因素之一，其机制还未得到有效的揭示。本书基于江河堤崩岸的不同影响因素对崩岸的作用的理论研究基础，针对不良地质与渗流耦合作用对河堤稳定性的影响，利用室内试验结果，构建渗流破坏的非稳定模型，利用数值模拟方法，进行不良地质与渗流耦合的影响及破坏机制研究，为河堤崩岸发生的可能性及区域研究提供关键技术，为有效地治理和预防河堤发生崩岸的研究提供相关科学依据。

研究崩岸的机理，探讨崩岸形成的原因和规律，提高崩岸预测预报的准确性，是防洪减灾和河道治理领域迫切需要解决的课题，具有重大的理论和现实意义。同时，定量判断渗流作用对边坡变形和稳定性的影响，可为工程的合理设计与安全施工提供有效的计算方法和可靠的参考依据，且随着边坡工程的增多，该方面问题的研究将更为重要，其研究成果也将具有更广阔的应用前景。

本书采用物理试验、理论分析和数值模拟相结合的研究方法，并结合案例，分析渗流和不良地质条件对崩岸的影响，主要的研究内容有以下几个方面。

第一，分析影响河堤稳定的水流因素、河堤组成因素、地下水因素、河堤形态因素及其他因素，确定不良地质与渗流条件影响下的关键因素为降雨入渗、表层土有裂缝、河堤表层土受浸泡的软化作用。

第二，进行室内渗透试验、固结试验与剪切试验，分析土的渗透系数随围压变化、土的饱和密度随围压变化、土的抗剪强度随含水量及浸泡时间变化的规律，确定各关键参数与外部条件的关系式。

第三，根据土的渗透系数与围压的关系式，推导应力影响下粉质黏土层的等效渗透系数计算式。

第四，根据粉质黏土层的等效渗透系数计算式，推导耦合情况下的渗流微分方程。

第五，通过案例分析，采用间接耦合的方法计算河堤稳定性变化，定量描述各影响因素对河堤稳定系数的影响。

本书共六章。曹彭强担任第一主编，负责第 1 章第 1 ～ 3 节、第 4 章第 3、4 节，第 5 章第 2、4、5 节，第 6 章内容的编写，计 4 万字；朱士彬担任第二主编，负责第 2 章内容的编写，计 1.5 万字；李巍担任第三主编，负责第 3 章内容的编写，计 1.5 万字；安徽建筑大学余金煌担任第一副主编，负责第 4 章第 2 节内容的编写，计 1 万字；安徽省（水利部淮河水利委员会）水利科学研究院马国栋担任第二副主编，负责第 4 章第 1 节，第 5 章第 1 节内容的编写，计 1 万字，安徽省（水利部淮河水利委员会）水利科学研究院张景奎担任第三副主编，负责第 1 章第 4、5 节，第 5 章第 3 节内容的编写，计 1 万字；安徽省（水利部淮河水利委员会）水利科学研究院马飞跃、郑宗文、杨鳌参与了部分试验和全书的统稿工作。

目　录

第1章 绪 论

1.1 概 况

在天然河道中，水流和河堤的相互作用使河堤失稳的自然现象叫作河堤崩岸（以下简称崩岸）。崩岸是河床演变过程中一种重要的现象，同时也是一种典型的自然灾害。河堤崩岸会威胁已建工程及河势稳定和防洪安全，对港口岸线利用和涉河工程建筑物及农田造成不利影响，制约了沿岸经济的发展，严重威胁沿岸人民的生命和财产安全。

崩岸现象在世界上各大河流都曾出现，如美国密西西比河下游、欧洲莱茵河在历史上都发生过多次崩岸，我国七大江河也普遍存在崩岸现象，以长江中下游河段最为典型。在水流与河床的相互作用下，长江中下游河段的河堤崩岸由来已久，中华人民共和国成立之后便开始对其进行治理，经过多年的护岸建设，强烈崩岸及河道变迁得到一定程度的控制，但由于防护标准不足、部分河道整治工程未实施，局部河势未能得到有效控制，崩岸险情仍时有发生。尤其是长江三峡工程建设及运行以来，由于受水沙条件变化、河床边界、河势调整和工程建设等因素影响，近年来长江安徽段水流含沙量锐减，挟沙能力增大，致使长江下游安徽段河道冲刷明显，局部河势调整变化较大，河道顶冲部位调整，部分已护岸段水毁严重，甚至部分河段出现新的崩岸，使崩岸发生、发展具有很大的不确定性。河堤崩岸严重威胁着已建工程及河势稳定和防洪安全，给港口岸线利用和涉河工程安全运行带来了不利影响，严重制约了沿岸经济的发展，对沿岸人民生命财产安全构成了极大威胁。

崩岸是沿江地带最突出的地质灾害，其危害极大，必须引起足够的重视。长期以来，国内外学者与工程技术人员对河堤崩岸进行深入研究，然而崩岸具有很大的突发性和不确定性，其影响因素众多，崩岸产生的原因和内在机理至今尚未被清楚地认识，学者对崩岸的认识在很大程度上仍处于经验阶段，尚不能对其做出准确的预测。因此，加强对河堤崩岸机理的研究，了解其形成原因和发展变化规律，提高其预测预报的准确性，在防洪减灾和大江大河治理工程方面具有重大的现实意义。

不良地质与渗流是导致河堤崩岸的主要因素，其耦合作用对河堤崩岸的影响机制还未得到有效的揭示。本书基于目前河堤崩岸的不同影响因素对崩岸的作用的理论研究，针对不良地质与渗流耦合作用对河堤稳定性的影响，利用现场试验结合室内试验，并构建渗流破坏的非稳定模型，进一步利用有限元进行数值模拟，进行不良地质与渗流耦合作用的影响及破坏机制研究，同时，定量判断渗流与不良地质条件对河堤边坡稳定性的影响，为工程的合理设计与安全施工提供有效的计算方法和可靠的参考依据。本书是河堤崩岸规律分析的经验总结和理论提升，可供水利、水文等领域的工作者和研究人员参考。

1.2 河堤崩岸的危害

崩岸是河床演变过程中一种重要的现象，同时也是一种典型的自然灾害。我国是一个河流资源分布极为广泛的国家，许多河流经常会发生崩岸。崩岸往往酿成重大险情，严重威胁着两岸人民的生命和财产安全，其主要危害包括以下几个方面。

1.2.1 崩岸威胁河堤安全

江河防洪的成败直接关系着两岸地区人民的生命财产安全与否，堤岸安危是江河防洪成败的重要标志。江河湖泊险情主要是由渗漏、管涌、崩岸等引起的，其中崩岸约占全部险情的 15%。日本有关资料表明，在日本历史上的决堤事故中，河道侵蚀和冲刷引起的决堤事件占全体事件的 10%；在我国黄河的决堤事件中由侵蚀和冲刷所引起的决堤事件同样占全部事件的 10% 左右。由此可见崩岸是江河湖泊防洪的主要险情。

崩岸对江河及其沿岸堤防的危害极大。一方面崩岸使河堤外滩宽度趋于狭窄，造成大堤或江岸直接遭受主流顶冲或局部淘刷，使大堤防洪抗冲能力大大降低，直接威胁着堤岸的安全。例如，长江中游荆江大堤堤外无滩或窄滩的堤段长达 35 千米，堤身高达 10 米，素有“万里长江，险在荆江”之称，水流冲刷引起的崩岸直接对荆江大堤防洪安全构成威胁。1949 年祁家渊险段在汛期发生崩岸，几乎导致大堤溃决。另一方面，崩岸往往会造成堤基渗漏或增加新的渗漏、管涌机会，一旦遇到大洪水则可能出现堤防溃决的险情。例如，安徽省安庆地区同马大堤汇口险段，1964 年汛期江水位为 19.6 m 左右，险情并不突出，但至 20 世纪 60 年代后期却成为一个大险段，1974 年汇口水位不到 20.0 m 时就险情百出，崩岸是其原因之一。由于长江水流流量大，水流急，河漫滩抗冲能力低，河床主流摆动，滩槽冲淤变化，洲滩消、长、并、靠频繁，河道演变极其复杂，两岸经常发生突发性的窝崩和条崩，对沿岸水利工程安全造成严重影响。由于崩岸的威胁，无为长江大堤在历史上屡有堤段退建，安定街一带从明末到清初共退建 9 次，下段黄丝滩一带因崩岸威胁退建 4 次。崩岸强度较大的还有：1976 年 11 月发生在马鞍山河段人工矶头和电厂之间的大窝崩，长 460 m，宽 350 m，崩塌江堤 450 m；1989 年汛后发生在官洲河段同马大堤六合圩的大窝崩，长 210 m，宽 114 m，崩塌已至江堤顶；1998 年汛期前后，贵池河段枞阳县大砥含一带江岸连续发生强烈崩岸，崩岸长度 340 m、最大崩宽 32 m，柳树倒入江中，岸坎倒塌只距大堤 40 多米。在长江干流中下游近 1800 km 长的河段内，两岸崩岸线长度达 1520 km，约占岸线总长度的 42%。其中，崩岸强度较大的河段，每年岸线崩退的宽度为数十米至一百余米。长江皖江段岸线总长约 727 km，根据遥感影像和野外调查，对长江皖江段的崩岸特征、崩岸形成条件和治理对策进行了研究。结果表明，崩岸基本特征是左岸（北岸）强于右岸（南岸）。

1.2.2　崩岸威胁岸边建筑物及农田的安全

江河湖泊岸边是人类居住集中、活动频繁的区域，为了生活和发展的需求，人们在江河湖泊的岸边或附近修建了大量建筑物，但随着崩岸的不断加剧，岸线逐渐向建筑物逼近，直接威胁岸边建筑物的安全。

在长江中下游河堤崩毁是非常典型的。据初步统计，自 1950 年以来，长江中下游沿江地区因崩岸每年平均损失约 7500 亩（1 亩 =666.67 平方米）良田。近些年，长江中下河道崩岸仍不断发生：1995 年石首河段向家洲 13 km 滩岸沿线崩塌，长江北门口河堤受到剧烈冲刷，崩宽达 110 m，其在 1998 年又发生长 130 m、宽 100 m 的严重崩塌；1996 年 1 月 3 日和 8 日，九江河段彭泽段马湖圩堤相继发生两起特大崩岸事件，将 20 多万立方米的土石方崩落江中，崩岸长度达 1210 m，最大崩进 240 m，造成极大的人员及财产损失；1996 年 3 月，洪湖长江干堤王家边堤段发生大小崩岸 20 多处，总长度 1850 m，已护岸脚槽大部分崩塌。1998 年大洪水期间，小黄洲左缘 2 km 长的未护段崩塌 90 ～ 110 m，而在已护岸的堤段末端出现了长 400 m、宽 150 m 的大窝崩。长江贵池河段的大砥含黑沙洲河段的泥汉、援州等岸段以往均较稳定，但 1998 年大洪水期间，都发生了严重崩岸，其中大砥含河段出现了长达 2 km 的连续崩塌，使此处外滩宽度仅有 30 ～ 40 m。

1.2.3 崩岸增加下游河道来沙量

崩岸使滩地或耕地损失和减少，也增加了下游河道来沙量，直接影响下游河道的冲淤变化。崩岸使下游河道的泥沙来量短时间迅速增加，泥沙含量超过水流挟沙能力，部分崩岸泥沙在下游河段（比如凸岸）淤积下来，导致下游河势演变发生变化，严重影响着下游两岸工矿企业的取水安全。

黄河泥沙主要来源于西北黄土高原。据统计分析，黄河泥沙出现高峰年的主要原因就是晋陕峡谷两侧的黄土岸滩被水力淘刷悬空后，使岸滩发生严重崩塌。在黄河下游河道三门峡水库蓄水拦沙期内，有相当一部分泥沙来自滩地的崩岸泥沙。就长江中下游河道而言：1996 ～ 1998 年的遥感调查资料表明，从武汉至南京划子口约 1479 km 的江岸，两岸崩塌河段占河段总长的 22%，导致大量崩岸泥沙进入长江内；长江南京河段由于七坝、西坝头和八卦洲头崩退，各自造成对岸梅山钢铁公司、南京炼油厂和南京钢铁厂码头及取水泵房的淤积；长江镇扬河段由于江北六圩岸线崩退达 2 km，南岸镇江港几乎临近淤废状态，先后于 20 世纪 50 年代和 60 年代开辟焦北、焦南航道，20 世纪 80 年代又开挖了新的航道。

1.3 河堤崩岸研究现状

崩岸涉及的影响因素众多，不同学科的学者因侧重点不同而对此问题做的解释也往往不尽相同。一些学者主要从河堤本身入手，用土坡稳定理论去解释土体崩塌的机理，认为岸滩的崩塌是土坡失稳的一种表现形式，但对崩岸产生原因的解释却不尽相同。一些学者主要从河道本身入手，认为崩岸产生原因主要是水流冲刷侵蚀河堤造成河堤水下部分变陡，继而引发河堤失稳崩塌，但是对土体崩塌机理的解释比较模糊。另外，支持土体液化观点的部分学者主要从崩岸的特性入手，认为崩岸源于下卧层发生的流滑，并解释了崩岸在短时间内大量流失土体的现象。

多年来学者在崩岸机制研究方面，形成了以下共识：崩岸形成的外因是流水冲刷导致的河床边坡失稳，内因则是河床边坡本身的地质地貌和渗流等所决定的重力稳定性。另外也有研究者提出了波浪、堆载、渗流、降雨、融冻、砂层液化和震动等因素作用的机制。在上述两大因素中，对于河床边坡稳定性，按通常采用的土力学原理和方法，可以满足工程的要求；对于流水冲刷的评价，一般主要考虑沿岸流对土层冲刷的临界流速或临界切力。

奥斯曼（Osman）和索恩（Thorne）[1-2]提出了直道与弯道岸滩崩塌的较为完整的模式，进而以有关实测的岸滩土体性质资料建立土坡稳定的理论模型。他们认为水流冲刷是主导因素，河堤侧向冲刷导致河道展宽，河堤变陡，而河床冲刷又增加了岸滩的高度，这样，河堤最终因自重过大而失稳，其中河床冲刷与河堤侵蚀取决于水流条件、河床河堤物质组成以及其几何形态。之后，达尔比（Darby）和索恩等人[3-4]就一直致力于这方面的研究工作，直到近几年仍不断开发新的计算模式，不仅适用于不同的坡度、土质组成及其分层情况，而且也考虑了渗流作用，该模型首次尝试考虑多种失稳形式发生的可能，即平面滑动和弧面滑动失稳的可能性。米勒（Millar）等人[5]则在河堤稳定性分析中，具体探讨了河堤泥沙颗粒粒径和内摩擦角两项关键因素对河堤稳定性的作用，并分析了河堤植被对内摩擦角的重要影响。

冷魁、吴玉华等人[6-7]分别通过对长江下游窝崩资料和江西彭泽马湖堤崩岸资料的收集和分析认为崩岸的根本原因在于水流的侧向侵蚀作用。黄本胜等人[8]认为引起岸滩失稳的主要因素有岸滩土体本身的性质、岸滩的高度、河道水位变化及其引起的渗透水动压力，据此利用孤立因素法，由边坡稳定性分析计算方法分别计算了几种因素对岸滩稳定的影响，其观点与奥斯曼等人的观点甚为相似。另外，朱伟、刘汉龙等人[9-10]也认为主要是河流侵蚀冲刷引发崩岸并将崩岸产生原因按照河道特性、堤防坡面特性、灾害形态等要素分为以下3类：侧部侵蚀、深部侵蚀和局部侵蚀。

管涌可能引发崩岸，相关研究人员将管涌和崩岸联系起来，分析了管涌的直接作用和间接作用，并将它与其他河堤冲刷破坏类型区别开来。在我国1998年大洪水期间，九江城市堤防溃决的主要原因在于堤身和地基缺陷造成的管涌。

降雨与边坡稳定有着密切的联系，它也可能引发崩岸，特别是近年来国内外非饱和土理论方兴未艾，不少学者都对关于降雨入渗对边坡稳定的影响做过研究，得出不少有益的结论。亨菲兹（Hemphilz）[11]在专著中指出，黏性土河堤容易出现裂缝，降雨形成地表径流导致沟蚀也是崩岸的重大诱因，尤其是在植被较差的情况下。阿诺索（Alnoso）对香港的边坡进行了土坡二维非饱和渗流和极限平衡法的联合分析，考虑的影响因素包括土的类型、降雨持续时间、降雨强度、水分保持曲线形状和土的渗透性。

大多数崩塌河堤土体存在细砂层，砂土在某种条件下产生液化现象会导致崩岸。历史上国内外已发生过多起河堤及海岸土体液化现象。例如，荷兰的西南河口海岸地区从 1881 年到 1946 年间共记录 229 次砂土液化的现象，荷兰等西方国家称之为流滑现象，而一次流滑就可使上百立方米的砂土流失于潮汐通道中。砂土中 90% 是直径为 0.07 ～ 0.2 mm 的均匀细砂。美国学者也提出了类似的观点，认为液化对河海岸的滑坡起了很大的作用。维托（Vietor）等人认为密西西比河的崩岸原因是源于下卧层发生的流滑，并提出它的破坏并不是由于砂土内部变形积累的“自发液化”，而是由坡脚溯源冲刷引起的所谓的“溯源液化”。

20 世纪 80 年代中期，我国丁普育等人 [12] 也认为崩岸不能完全用河床演变去解释，尤其是短时间内水流不可能搬运如此大量的泥沙，并且有许多平缓的河堤也发生了大面积的窝崩，他们从砂土液化的内在条件和影响因素出发，结合室内试验结果，证实了长江下游河堤存在液化的可能性；同时认为产生液化的外界诱因可能是动水压力，而水流的冲刷造成局部陡坡，使得剪切液化和渗透液化具备了一定的条件。20 世纪 90 年代后，张岱峰 [13] 也持相同的观点，并以长江镇江段人民滩窝崩为实例，进一步对窝崩的本质及运动特性做出详细的分析。他认为土体液化失稳时，液化只在某一有限范围内发生，并与动水压力的深度及持续时间、土体颗粒级配及紧密程度有关，而窝崩一般呈现出阵发性和间歇性，一次窝崩有若干次中小规模的崩塌组成，每次崩塌引起的震动均对其后的液化崩塌做出贡献，而窝崩时泥沙搬运的主要动力就是滑动土体的重力。王永 [14] 通过对长江安徽段崩岸的分析提出水流、地质以及河床边界条件风浪对堤岸的淘刷及可液化土体均是产生崩岸的重要因素。潘锦江、潭泳 [15] 通过对北江大堤崩岸的研究，提出崩岸产生的五个方面主要因素：洪水季节、水流冲刷坡脚、雨水渗入、河势的变化以及波浪动水压力。洪水季节河水淘刷坡脚，导致边坡崩滑，雨水成为滑坡的触发因素，而河势加剧局部冲刷，形成的波浪动水压力造成堤内部分受拉，也是崩岸的原因之一。

在影响土坡稳定性的诸多因素中，水的作用是一个至关重要的外在因素。大量事实表明：90% 以上的土质边坡失稳与水有着息息相关的联系，尤其是在各种危险水力条件下由于渗流作用易引发崩岸。

堤防、江河水库河堤和土石坝的渗流稳定主要是渗透破坏问题。渗流破坏可区分为整体破坏和局部破坏。整体破坏即在渗流作用下的河堤稳定性问题，渗流的局部破坏主要发生在地下水渗流的集中渗出点（渗流方向为自下而上或与坝坡相切）、边坡下游坡和河堤土体薄弱部位。对渗流作用的破坏研究重点是危险水力条件及允许渗透坡降（与局部稳定相关）等，采取的措施主要有改变地下水渗流的方向、高度、渗出点坡降等，防止产生渗漏、管涌、流土和接触冲刷渗透变形等。

在渗流破坏研究过程中，水环境对河堤稳定性的影响主要包括以下三个方面：地下水、降雨、河水对河堤的影响。

目前，人们对水环境（地下水、降雨和河水）因素对河堤稳定性影响的各个方面进行了较为仔细的研究。澳大利亚的一位学者为了研究降雨过程和地下水位的相互关系提出了威尔士模型，通过该模型可以对日常降雨量及最大降雨量进行判断，以此来推断发生河堤稳定性破坏的概率；清华大学于 20 世纪 90 年代末进行了降雨入渗条件下在裂隙介质中的渗流试验 [16]；为了研究三峡库区地质灾害，武汉水利电力大学与长江科学院在三峡库区进行了降雨入渗专题试验研究 [17] 等。目前，在降雨对河堤稳定性的影响研究中，已经取得了丰硕成果 [18-19]，如降雨时间、降雨量、降雨强度以及降雨方式对河堤稳定性影响的研究。

在河堤稳定性研究中毛昶熙 [20] 在渗透力条件下计算河堤稳定性时引入了渗透力，提出在有限元法计算中结合此种方法可以更好地进行稳定性分析，从而进行连续的求解，一次性完成地震、渗流和其他各种荷载条件下的稳定性分析及计算。其方法是利用渗透力的原理，将划分土块的表面和滑动面上的水压力转化成等价体积力，就是把各节点的水压力等价换算成各单元的渗透力。通过这种方法进行处理后，就可以忽略掉各单元边界上的孔隙水压力，从而避免了使用一般条分法计算时省掉的土条侧边水压力的误差，与此同时边坡外的水压力也不需要考虑，使计算工作变得简单。

在处理该问题时陈祖煜等人 [21] 则提出，考虑孔隙水压力即可，无须考虑计算渗透力而把问题变得复杂。其方法是在计算坡内有渗流，坡外有水时，采取等效置换的方法进行计算，即处理滑裂面的孔隙水压力时采用超静孔隙水压力，坡外水面下的土体采用浮重度，计算中不计静水压力。毕肖普（Bishop）[24] 提出滑面上的孔隙水压力采用超静孔隙水压力，坡外水位以下的土体采用浮容重，不计算坡体外的静水压力。

降雨入渗诱发滑坡的作用主要体现在下面两点：一方面随着雨水入渗边坡，土体含水量增加，孔隙水压力随之升高，基质吸力降低，局部形成暂态饱和区，导致抗剪强度大幅下降；另一方面强降雨时边坡还会形成渗流场，产生渗透力，渗透力的存在不仅减小了边坡土体的抗滑力，同时又增加了土体的下滑力，在二者共同作用下，造成边坡变形破坏甚至滑坡。

传统的极限平衡分析方法在分析边坡稳定性时，是以太沙基有效应力原理为基础，采用有效强度指标进行稳定性计算的。考虑降雨工况，一般是通过分析降雨入渗会使地下水位面升高，同时边坡表层范围内土体饱和容重增加来计算边坡的安全系数的。上述两种计算对地下水位以上非饱和区土体基质吸力所提供的抗剪强度及其在降雨过程中的变化情况对边坡稳定性的影响都不予考虑。

格罗尼（Croney）和科尔曼（Coleman）最先注意到在非饱和土体中基质吸力对工程设计的重要性。弗雷德隆德（Fredlund）等人依据非饱和土理论，在改进的莫尔－库仑强度准则的基础上提出了普遍极限平衡法（GLE 法），该方法考虑了非饱和区基质吸力对边坡稳定性的影响。弗雷德隆德运用有限元法对边坡的稳定性进行了参数研究，进行了暴雨入渗下边坡的瞬态渗流场计算，并在稳定性计算中同时考虑了正负孔隙水压力。弗雷德隆德的研究表明：强降雨会导致边坡稳定系数显著下降，渗透系数对稳定系数影响较小；基质吸力在边坡稳定性中占重要作用，特别是在暴雨期间负孔隙压力的减小对边坡稳定性影响显著[22]。

国内学者在此方面也做了大量研究。吴宏伟在对香港地区降雨型滑坡研究的基础上提出可以根据抗剪强度与饱和度的经验关系来分析不同工程地质条件下、不同降雨特征下的边坡稳定性。黄润秋等人在对降雨诱发滑坡的机理研究过程中，系统阐述了非饱和土基质吸力量测、降雨入渗理论及基于非饱和土的边坡稳定性分析方法，并结合三峡库区众多典型滑坡实例分析预测了滑坡体在暴雨、库水位涨落作用下的稳定性状况及变形演化过程[23]。朱文彬等人运用数值方法结合公路边坡实例，对降雨入渗规律进行了分析，随后又建立了饱和－非饱和土统一的非线性弹性模型，并基于此分析了边坡在降雨过后不同时期的应力分布、塑性区分布和边坡的安全系数[24]。

非饱和土基质吸力对边坡土体抗剪强度和边坡稳定性的影响十分复杂，基质吸力本身受土质条件、吸力分布及降雨与土的相互作用等因素的影响，处于不断变化过程当中。因此如何求得降雨过程中边坡土体内的饱和－非饱和渗流场，得到准确的基质吸力或含水量的分布是非饱和土边坡稳定性分析的关键，而这又依赖于合适的数学模型和可靠的非饱和渗流水力特性和渗流参数。在获得比较符合实际的非饱和渗流场的基础上结合数值方法对边坡稳定性进行分析，得到安全系数的变化过程及规律，最终能够对降雨型滑坡稳定性进行较准确的评价和预测，为进行地质灾害预警预报，减轻滑坡地质灾害危害提供指导。

多孔介质中渗流场的变化，引起非饱和区域范围的变动和基质吸力的改变，近几十年的研究发现，基质吸力对土体的抗剪强度有着一定影响[25]。

20 世纪中期，毕肖普提出的有效应力公式中分别考虑了孔隙气体和孔隙水对强度的影响，给出了用三轴试验结果确定有效应力参数的方法，并给出了根据 4 种不同的压实黏土样品剪切试验得到的参数与饱和度的关系[26]。多纳尔（Donadl）和布利赫特（Blihgt）曾分别用无黏性粉土和击实土进行试验以验证毕肖普公式的正确性。弗雷德隆德等人提出了建立在多相连续介质力学基础上的非饱和土应力分析，通过大量试验结果表明非饱和土抗剪强度与基质吸力不成线性正比关系，对同一土体与基质吸力相关的摩擦系数不是常数而是随之变化的[27]。我国学者张引科等从徐永福[28]提出的土微观孔隙分布规律出发，通过对非饱和土中应力组成的分析，推导出了非饱和土结构强度与基质吸力的关系。熊承仁等根据不同水分状态和密度状态的 UU 三轴压缩试验结果，讨论了重塑非饱和黏性土抗剪强度参数与饱和度的关系，数据分析表明：黏聚力与水分状态相关的饱和度的关系是强非线性的，与密度状态相关的饱和度的关系是准线性的；内摩擦角与水分状态相关的饱和度的关系是强非线性的，与密度状态相关的饱和度的关系是弱非线性的[29]。

目前在考虑渗流作用时的边坡稳定性的研究中，主要有三类方法。

一是首先确定边坡内部渗流（自由面）的位置，进行非稳定渗流计算，确定不同时刻的渗流场，然后利用渗透力的方法再进行边坡稳定性分析。这种方法的优点是在已知渗流场，特别是在有现场地下水实时监测资料时可以直接精确计算渗流力，合理考虑渗流作用。对于这种方法而言，关键在于确定非稳定渗流浸润面，浸润面的位置直接影响到边坡稳定性分析结果的精确度，同时还要谨慎考虑渗流方向。

二是简化地下水计算，如常用的替代法，或用直线的地下水水位线代替实际的地下水分布。这些方法的优点是计算简单，但只能在稳定流动或者边坡内部地下水水位趋于直线时才能够基本接近真实结果，实际上未考虑渗流作用，不适合非稳定渗流状态。

三是避开求解非稳定渗流场，直接由水位下降前的状态决定水位下降后的土体抗剪强度进行边坡稳定性分析。这种绕开非稳定渗流场计算的总应力方法，关键在于确定土体的饱和不排水强度，再根据水位降落前的法向应力推出水位降落时的抗剪强度。这种方法的优点是计算简单，无须计算渗流场，但是缺点也很明显，就是过于依赖土体的抗剪强度的试验结果，同时引入了对土体抗剪强度降低后的假定，不能合理考虑水位变化的过程中边坡的稳定性。

按饱和土理论进行土坡渗流计算和土坡稳定性分析时考虑较为简单，但不能反映降雨入渗作用的影响。降雨过程中边坡土体内暂态孔隙水压力的分布及变化情况直接关系到土体抗剪强度的变化。因此如何求得降雨过程中边坡土体内的饱和－非饱和渗流场是非饱和土边坡稳定分析的关键。过去，受计算方法和室内外试验技术的制约对非饱和土边坡稳定性分析大多停留在理论探讨阶段；近年来，非饱和土力学的发展，以及原位测试技术的突破为如何在稳定性分析中考虑降雨入渗的影响提供了新的理论和技术基础。

长期以来，有关渗流影响河堤崩岸的研究工作大多是经验性的分析总结，而进行的理论研究和专题试验较少，有待进一步的研究，主要存在以下问题。

第一，关于崩岸发生的因素，各位学者所持的观点出发点不同，虽均有论据，互有交叉，但分歧明显且存在缺陷，各种观点不能完全解释崩岸成因及机理。

第二，河流河堤渗流（包括降雨入渗、土体地下水渗流及河水入渗与出渗）对土体强度及稳定性的影响的机理与程度还未完全揭示。

第三，不良地质条件与渗流共同作用下土体稳定性破坏的发展趋势与程度有待进一步研究。

1.4 研究方案

本书主要针对降雨对不良地质土体强度的影响，体现在其引起土体含水率、土体抗剪强度、容重以及渗透性的变化及软化作用，以及对含有裂隙的薄弱地带的影响程度。河堤土层的物理力学性质受浸泡时间的影响的变化规律也有待探索。可采用室内试验，测量土的渗透性与抗剪强度随含水量、浸泡时间的变化规律，同时利用有限元法分析降雨条件下边坡的稳定性变化和土体强度软化效应对边坡稳定影响。

1.4.1 确定应力对土的渗透系数的影响

地下水位的下降，打破了土体内原有的静水压力状态或者原有的稳定渗流平衡状态，产生新的渗流场和渗透力的作用，改变土体中原有的应力状态，使得有效应力增加；同时由于水位的下降，土体内孔隙水压力减小，根据有效应力原理可知，上部土体总应力认为不变，那么有效应力就会增加。

针对河流水位降落过程土体有效应力的变化，选取河流河堤有代表性土体进行室内试验，测量不同干密度土样在不同围压下的渗透系数变化。

1.4.2　确定含水率及荷载变化引起的土质强度发生变化的规律

含水率变化引起的土质强度发生变化主要体现在随含水率增加引起土体的软化，可取原状土，人工增湿配制不同含水率的原状土样，利用常规直剪试验数据建立黏聚力和内摩擦角与含水率及荷载的关系式，并与不考虑含水率及荷载影响的边坡稳定性分析结果进行对比，确定不同性质土体、不同含水率及荷载下的软化强度的变化规律，定量分析含水率及荷载对土体强度的影响。

不同性质土体的固结随含水率及荷载的变化而变化，其变化特征可采用三轴固结试验通过室内试验确定。配制不同含水率土样，利用三轴仪按常规不排水剪切试验方法安装好试样，对试样施加有效围压，使水在一定压力差作用下通过试样流出，测定土的饱和密度。对同一试样，可以施加不同围压，使之达到固结排水稳定后，分别测定其饱和密度。

1.4.3　确定潜水自由面位置

潜水自由面事关土层中的水力坡度，其随土体边界水位及河流水位变化而变化，是个动态过程。基于其非线性关系，计算中多采用数值模拟进行求解。进行河流一类边界附近潜水自由面渗流规律研究，可将研究成果应用于江河堤坡的自由面求解，进一步深入研究、计算浸润线形态及变化，确定出逸点位置，分析河堤土体的薄弱地带范围。

以江河堤坡潜水含水层中的潜水渗流模型为例：构造初始面非稳定条件下的一维潜水非稳定渗流模型；利用线性化方法，通过拉普拉斯（Laplace）变换，再结合叠加原理，导出模型的解析解；以其为基础，讨论模型中参数的计算方法、研究自由面随河流水位变化的规律，并进行理论分析，提出改进的描述潜水运动的微分方程，建立一类边界控制下自由面渗流问题的数学模型，结合试验条件下的边界和初始条件进行检验。

1.4.4　确定降雨入渗引起不良地质强度发生变化的机制

降雨入渗造成土层中孔隙水压力和含水量大幅度增加，致使土体的抗剪强度由于有效应力的减少及土体吸水膨胀软化而降低；同时，降雨入渗造成土体中水平应力与竖向应力比显著增加，并接近理论的极限状态应力比，以致软化的土体有可能沿着裂隙面发生局部被动破坏，此破裂面在一定条件下（如持续降雨条件下）可能会逐渐扩展，最后发展成为渐进式崩塌。

1.5 研究方法及技术路线

结合物理试验、解析法和数值法分析渗流对河堤稳定性的影响，通过室内试验，分析不同围压、不同含水率、不同浸泡条件情况下不良地质河堤土的物理性质的变化规律，研究河堤稳定性失效的过程中渗流破坏的机制；利用试验观测数据，总结试验条件下河堤稳定性变动规律，建立不良地质条件下渗流对河堤稳定性影响问题的数学模型，基于试验观测数据、利用数值方法对模型进行求解验证，分析渗流对河堤稳定性破坏问题的规律。针对不同的水文地质条件，开展计算方法和实际应用等方面的研究。具体从以下三个方面展开分析研究。

1.5.1 室内试验

鉴于研究目的，选择室内试验测量不同干密度、不同围压下土样的渗透系数及密度；测量不同含水量和荷载变化引起的土质强度发生的变化。对水位、流量变化过程进行动态监测，为准确描述渗流过程及河堤稳定性变化规律提供基本依据。

1.5.2 模型的建立

针对试验所对应的水文地质条件，研究相对简单的二元地质结构、河渠－半无限潜水非稳定渗流破坏问题；结合土力学、地下水渗流力学的基本定律，建立数学方程，提出问题的数学模型。

1.5.3 模型的求解

利用建立的数学模型对二元地质结构、河渠－半无限潜水非稳定渗流破坏问题进行计算；研究模型的求解方法，尽可能获得解析解；根据试验数据进行案例分析，探讨渗流过程对河堤稳定性变化的影响规律。

根据研究内容及研究思路，拟定具体的技术路线如图 1.1 所示。

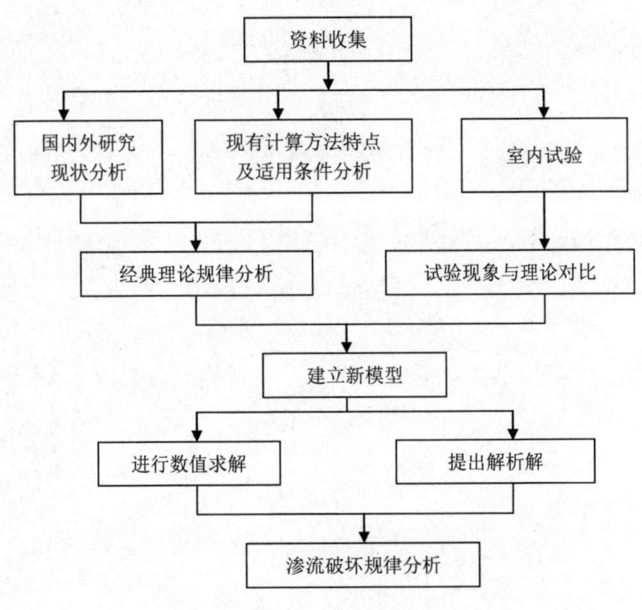
资料收集
国内外研究
现状分析
现有计算方法特点
及适用条件分析
室内试验
经典理论规律分析
试验现象与理论对比
建立新模型
进行数值求解
提出解析解
渗流破坏规律分析

图 1.1　技术路线图

第 2 章　河堤崩岸的影响因素

河堤崩岸是一种典型的自然灾害，它的频繁发生不仅直接威胁到了江河大堤的防洪安全，而且给河道的航运和两岸工农业生产带来严重的危害，因此，对崩岸影响因素的深入研究就显得尤为重要。本章将阐述河堤崩岸类型及特点、河堤崩岸的影响因素分析等内容。

2.1　河堤崩岸类型及其特点

崩岸是河床演变过程中的一种重要现象，它与水流动力条件、泥沙输移条件、河床边界条件以及河道形态有着密切的联系。河床与河堤的物质组成复杂，它们与水流相互作用，构成一个错综复杂的系统。因此，在不同河流或同一河流的不同河段上以及不同河型条件下，造成河堤的崩塌形式是不同的。

按照崩岸形态特征，可将其分为三种类型[30]。

第一类是窝崩，如图 2.1 和图 2.2 所示。从土质条件来看，崩岸发生处河堤上层一般具有一定的黏性覆盖层；从动力条件看，崩岸发生处河床深槽贴近岸边，水流冲刷严重，河堤坡度较陡。崩岸发生时，滩面上首先出现弧形裂缝，然后整块土体向下滑挫，最后形成崩窝。从单个崩窝的平面和剖面上看，崩滑面均呈圆弧形，平面上崩窝直径为几十米至百余米，大多出现在弯曲河段凹岸及河道汇流段。沿岸将会出现一个个连续的崩窝，岸线在平面上呈锯齿形，这就是伴随着河道的平面变形而经常发生的崩窝形态。当水流与岸线交角较大、局部河堤受水流强烈顶冲或近岸单宽流量很大时，水流对河堤的剪切应力很大，由强力的竖轴回流淘刷河堤而形成窝崩，并迅速冲刷扩大，最后形成崩长和崩宽尺度均较大而口门可能较小的大崩窝，称之为“口袋型”窝崩，局部岸线呈马蹄形。另外，局部河堤土体失去稳定产生滑动（深层滑动和浅层滑动）而形成的窝崩，其形态也呈圆弧形。

图 2.1　窝崩实例图

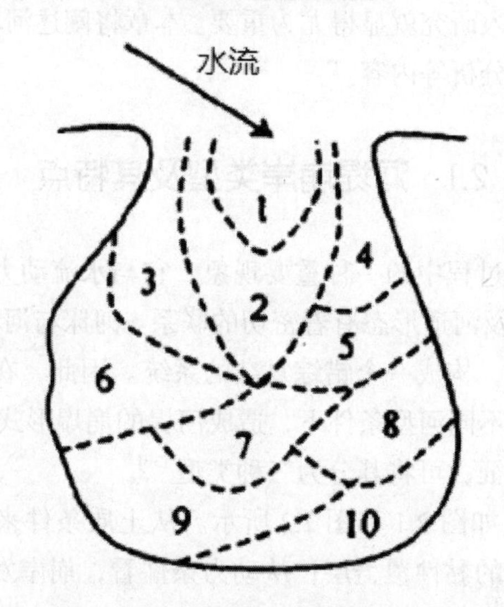

（注：1 ～ 10 为窝崩破坏范围的先后顺序）

图 2.2　窝崩破坏示意图

第二类是条崩，多发生在河床上层黏性土层较薄或土质较松散的岸段，如图 2.3、图 2.4 所示。由于水流冲刷，滩面产生与岸线大致平行的裂缝，当土体下部受冲刷失去支撑时，上部土体在重力作用下发生坍落或倒入水中。条崩多出现在平顺河段主流近岸的一侧及弯曲河段的凹岸。其崩塌特征为崩塌体呈长条形，崩塌的宽度较窄，崩塌体积较小。条崩是长江岸崩的另一种主要形式，它崩塌的宽度窄、长度长，且发生频繁，是岸线不断后退的主要原因。

图 2.3　条崩实例图

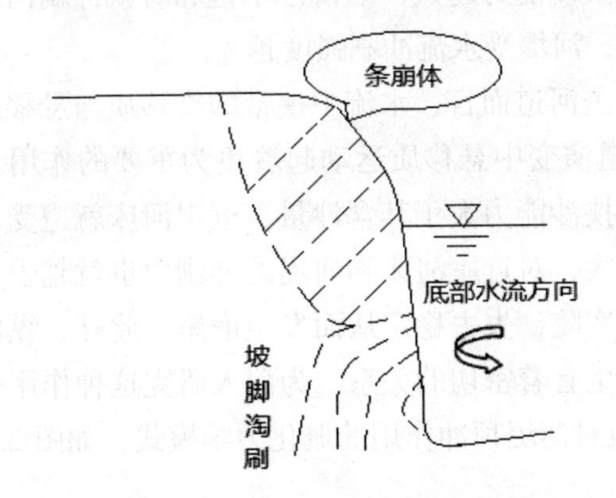

图 2.4　条崩示意图

第三类是洗崩，主要是因长期受水面风浪或船行浪使上层河堤受到冲蚀，其外形特征是沿岸河堤呈小台阶状，如图 2.5 所示。冲蚀强度主要取决于风的吹程与水深形成的波高和波长以及土质的抗冲刷性等因素。与前两种崩岸类型相比，它的崩岸强度相对较小，一般出现在河宽较大的地带、河口及滨海地带。

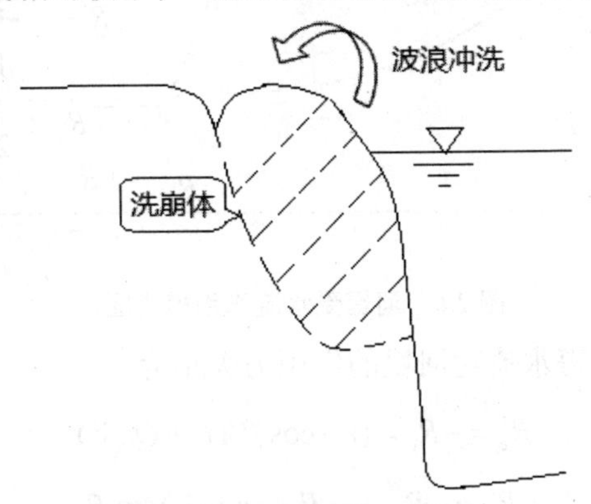

图 2.5　洗崩破坏示意图

2.2　河堤崩岸的影响因素分析

2.2.1　水流因素

导致崩岸发生的水流因素主要有水流的冲蚀作用、横向环流的作用和水位的快速涨落波动变化引起的渗流作用 [31]。

在顺直河段由于河道宽阔，主流线常从一岸向另一岸过渡，水流顶冲部位由于受水流纵向冲刷作用，河堤变陡失稳而发生崩塌。根据水流挟沙能力表达式，流速越大，水流挟沙能力越大，当挟沙不饱和时就冲刷河床和河堤。主流靠岸越近，流速越大，河堤受水流冲刷强度越大。

就长江中下游冲击河道而言，水流中挟带的推移质与悬移质的数量之比仅为 1/100，因此在河道演变中悬移质运动起着更为重要的作用。当近岸纵向水流流速增大，使水流挟沙能力大于其含沙量，近岸河床就遭受冲刷。纵向水流越近岸，近岸流速越大，对近岸河床和河堤的冲刷力也就越强。当冲刷到一定程度，河堤就会变高变陡，失去稳定从而发生崩岸。此外，纵向水流对河堤的顶冲作用与崩岸的发生有着密切的关系。为深入研究这种作用机理，岳红艳等人 [32] 建立了纵向水流对河堤顶冲作用的概化力学模式，如图 2.6 所示

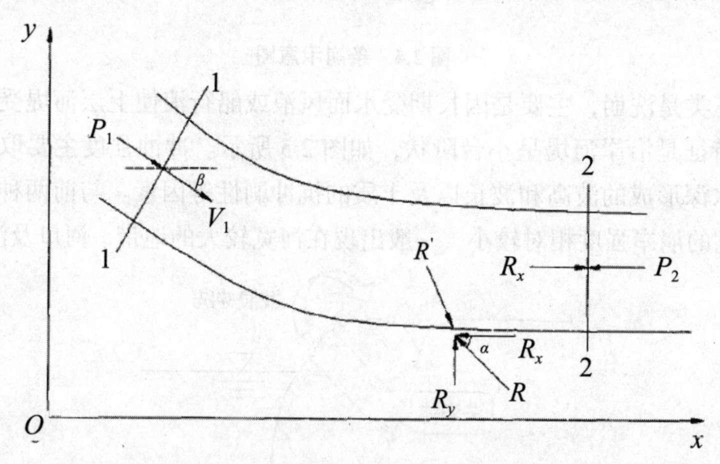

图 2.6　河堤受水流作用模式图

由动量方程可推得水流对河堤的作用力大小为

$$R'_x = -R_x = (1-\cos\beta)(P+Q\alpha V)$$

$$R'_y = -R_y = -(P+\rho Q\alpha V)\sin\beta$$

式中：R' 为水流对河流的作用力，R 为河堤对水流的反作用力，其分解为 x 轴的 R_x 和 Y 轴的 R_y，其方向如图 2.6 中所示。P 为作用于脱离体两端断面上的动水压力，V 为脱离体两端断面的平均流速，Q 为流量，α 为 R' 与 x 方向的夹角，β 为 1-1 断面的平均流速与 x 方向的夹角，α' 为动量修正系数。

由上式可知，在满足上述假定的情况下，纵向水流对河堤作用力 R' 的大小与流量 Q、纵向水流流速 V 及其顶冲角 β、动水压力 P 有关。如将以上脱离体看作近岸主流流束，那么近岸水流流速 V、近岸水深 h 及水流顶冲角 β 越大，水流对河堤作用力 R' 就越大，水流对河堤土体可能做的功就越大，即河堤土体移动速度（崩塌速度）就越大，也就是说，发生崩岸的强度也就越大。可见，纵向水流的动力作用及顶冲作用与崩岸的发生有着密切的关系。

2.2.2　河堤组成因素

在水流条件不变的情况下，崩岸强度的大小主要取决于河堤抗冲强度的大小，而河堤抗冲强度是由地质组成结构和土体特性决定的。如果河堤由松散的砂土组成，崩岸强度就较大，如果河堤由密实的黏土或其他抗冲较强的土质组成，其崩岸强度就较小。土体组成结构对崩岸形式有很大的影响：均质河堤崩塌一般以滑坡的形式崩塌；对于多元或二元地质结构，其抗冲能力较弱，黏性土和砂性土的厚度与埋深对崩岸有重要的影响。当表层黏性土质较厚时，发生崩岸的块体较大，形成窝崩的机会较大；当表层黏土厚度较小时，崩岸多以条崩的形式进行。

长江中下游河床相的粉砂、细砂，极易启动、输移，使近岸河床易受到冲刷形成深槽，并随着水流继续冲刷，深槽逐渐向河堤逼近，导致河槽变陡增高，失去稳定，易发生崩岸。所以河床组成条件所表现的抗冲性在崩岸事件中是与水流条件相互作用中矛盾的另一方面，对崩岸的发生及其强度起着重要的作用。强崩岸段主要发生在长江主河道强弯曲段的凹岸处，特别是顶冲部位；弱崩岸主要发生在河道微弯曲河道的凹岸；区内崩岸大多发生在分汊河段，尤其是弯曲型汊道。易发生崩岸的岩层是指形成时代较新的砂层，随着干湿变化体积张缩性变化较大的黏土层和二元相结构的岩性组合（上层是河漫滩相的细颗粒黏土和砂质黏土，下层为粗颗粒的细砂层）。

土体特性主要是指土体的物理性质、状态指标和强度指标，包括土的干容重 γ_d、孔隙比 e、含水率 w、内摩擦角 φ、黏聚力 c 及渗透系数 k。对于不同的河堤土质，其特性具有很大的差异。这些土壤特性之间相互影响，并直接或间接地影响河堤的稳定性。例如，含水量增加会使黏聚力、摩擦力有所减小，相应的岸滩稳定性减弱。实际上，影响下滑力的主要因素包括土体的干容重、密实度和渗透性等，而河堤崩滑体阻滑力则是由土壤的容重、内摩擦角和黏聚力等产生的，河堤土体内部的抗剪强度可以用下式表达：

$$\tau_f = c' + \sigma' \tan\varphi' = c' + (\sigma - u)\tan\varphi'$$

式中：c'为有效黏聚力；φ'为有效摩擦角；σ为法向压力；u为孔隙水压力。φ'一般不为零，黏性土的c'一般大于零，无黏性土的c'可为零。由此式可知，内摩擦角和黏聚力越大，其抗剪强度也越大，河堤也越稳定。

对于普通土质河堤[33]，当降雨强度与饱和渗透系数比较接近时，在降雨强度与持续时间均相同的条件下，渗透系数越高者，相应的雨水入渗量也越大，致使浅部土层更快接近饱和状态，且影响范围更大，安全系数下降幅度越大；当降雨强度远低于渗透系数时，渗透系数较高者，雨水容易下渗到土体深部，浅部土体能保持一定的基质吸力，所以对于以浅层破坏为主的非饱和土质河堤其安全系数下降幅度较小。而对于表层土有裂缝的河堤，渗透性越大，雨水越容易进入河堤浅层，从而使其更容易饱和，并最终使土的基质吸力消失，因此这种河堤的安全系数也较低。

不良地质条件河堤，即存在着裂缝、断层发育、岩体破碎、地质发生异变及含水量与最优含水量偏差较大等情况的土体。河堤常见的有软黏土、杂填土、冲填土、膨胀土、红黏土、泥炭质土、湿陷性黄土等土质。这里主要考虑存在裂缝的软粉质黏土与杂填土条件下的河堤稳定性。

2.2.3 地下水因素

地下水对河堤稳定性的影响可反映在以下几个方面[34-35]。

一、静水压力

处于地下水位以下的透水河堤将承受水的浮托力的作用，使坡体的有效重量减轻；而不透水的河堤，坡面将承受静水压力，充水的张开裂隙也将承受裂隙静水压力的作用。这些都对河堤的稳定不利。地下水的存在使河堤土体的含水量增大，土体容重随之增加，而且孔隙水压力也随之增大，从而引起土体剪应力增大和抗剪能力下降，从而使河堤稳定受到影响。

二、动水压力

地下水的渗透流动，将对坡体产生动水压力。在动水压力作用下，水流将带走河堤断层破碎带或其他软弱结构面中的细小颗粒，经过长期的渗流作用，土质河堤内部可能形成较为连贯的渗流通道，随着通道的不断扩大，坡体不断被淘空，最终将导致河堤失稳。

三、水的软化作用

水的软化作用是指由于水的浸泡使河堤土体强度降低的作用。对于黏性土河堤或软土河堤，在地下水的作用下，土体强度将比干燥时大为降低，浸水后的软化现象非常明显，特别是湿陷性黄土河堤，遇水后将急剧变形，严重影响河堤稳定。此外，地下水的溶蚀和潜蚀也直接对河堤产生破坏作用，如地下水可能冲刷河堤坡脚，并不断侵蚀淘空，使河堤不断崩垮，引起坡体整体失稳。

2.2.4　河堤形态因素

河堤形态是指河堤的高度、长度、坡角、平面形态、剖面形态以及河堤的临空条件等。河堤形态对河堤的稳定性有直接影响。不利形态的河堤往往在坡顶产生张应力，并引起坡顶出现张裂缝，在坡脚产生强烈的剪应力，出现剪切破坏带，这些作用极大地降低了河堤的稳定性。一般来说，坡度越陡，河堤越容易失稳，坡度越缓，河堤越稳定，而坡高越大，对河堤稳定越不利。平面上呈凹形的河堤较呈凸形的河堤稳定；同是凹形河堤，河堤等高线曲率半径越小，越有利于河堤稳定。不同的河堤呈现不同的地形地貌，对于那些不利形态的坡体，如坡顶呈凹形地形、坡体沟谷及裂隙发育、坡体植被稀少等，都不利于坡体稳定。

2.2.5　其他因素

大自然的风化作用、降雨、坡顶加载、人为以及地震的影响，都会使河堤土体向下滑动。其中，水是形成滑坡的重要因素。地下水、地表水都可以改变斜坡的外形。当水渗入滑坡体内时，不但可以增大滑坡的下滑力，而且将迅速改变滑动带土石的性质，降低其抗剪强度，起到“润滑剂”的作用。另外，地震能够产生地震加速度，使河堤土体承受巨大的惯性力，并促使地下水位发生强烈变化，导致河堤发生大规模滑动。

实际工程事件表明，很多河堤失稳事件并不在降雨过程中或降雨过后马上发生，而是在降雨结束几个小时、几天甚至更长时间后发生。在降雨过程中，土坡的安全系数随时间变长而不断降低，但并不在降雨结束时达到最低，而是在降雨结束后的一段时间内，安全系数往往继续降低，并在某一时间达到最低值。针对降雨对河堤的延迟作用，阿隆索（Alonso）[36] 等人研究表明：安全系数变化所需的时间与土的渗透系数成反比，且饱和渗透系数 $k_w < 10^{-7}$ m/s 时，在降雨的当时看不出安全系数明显下降；对于水分保持曲线形状比较光滑即颗粒级配较好的土，安全系数下降所需延迟时间较长。当降雨强度较大时，降雨结束时安全系数下降幅度较大且降雨的延迟作用影响时间较长；当降雨强度较小时，降雨结束后安全系数继续下降的幅度比较小，且降雨的延迟影响时间相对较短。

第 3 章　不良地质与渗流耦合影响河堤稳定机制

地下水入渗会造成土层的含水量变化，从而引起土的物理性质发生变化；同时渗流的静压力与动压力也会引起土层的强度发生变化。本章主要阐述水土物理作业、入渗力学作用、渗流引起的主要崩岸类型及特点等方面的内容。

3.1　水土物理作用

3.1.1　水土物理作用机理

降雨入渗除了引起的水土化学作用外，还伴随发生着水土物理作用，水土物理化学作用是相辅相成、相互促进的。

水土物理作用，总结起来包括两个方面[37]，一方面增加了土体本身的重量，从而增加了坡体的荷载，特别是水在结冰时，其体积可增大 10% 左右，渗入岩土体孔隙或裂隙中的水冻结后可能对岩土体产生很大的膨胀力，这个力是能使岩土体沿着原有裂隙迅速开裂和分解的。另一方面引起土体含水量（饱和度）变化，从而导致土体物理力学性质发生变化。所以在分析土坡稳定性时必须考虑附加降雨入渗的重量与含水量（饱和度）变化引起的土体物理力学性质的变化。本节主要研究含水量变化引起的土体物理力学性质的变化，为后面的土坡稳定性分析打下基础。

3.1.2　含水量与土体物理力学性质的关系

岩石的力学性质与其含水量存在相关关系已得到证实，我们常用土样的抗剪强度与抗压强度在干燥状态、自然状态与饱和状态情形下的变化，来分析土体的物理力学性质随含水量而变化的趋势。

一、直剪试验

在目前的实际工作中，土体抗剪强度指标一般是通过快速直剪试验得到的。在此引用文献[38]的试验结果，土样分别为砂质黏土与粉质黏土，其基本物理力学参数如表3.1所示。不同饱和度下土的抗剪强度如表3.2所示。图3.1、图3.2分别为粉质黏土与砂质黏土的抗剪强度与垂直压力的关系曲线。图3.3、图3.4分别为粉质黏土与砂质黏土的黏聚力与饱和度的关系曲线。

表3.1　土样物理力学参数

土样类别	孔隙比	比重	干密度 / (g/cm^3)	饱和度 /%
粉质黏土	0.861	2.73	1.44	50.6
				69.8
				79.0
				99.7
砂质黏土	0.904	2.71	1.56	59.5
				70.3
				83.3
				100.0

表3.2　不同饱和度下土的抗剪强度

土样类别	饱和度 /%	压力 /kPa	最大剪应力 /kPa	黏聚力 /kPa	内摩擦角 / 度
粉质黏土	50.6	100	76	39	21.4
		200	115		
		300	158		
		400	193		
	69.8	100	70	32	21.3
		200	108		
		300	157		
		400	188		

续表

土样类别	饱和度 /%	压力 /kPa	最大剪应力 /kPa	黏聚力 /kPa	内摩擦角 / 度
粉质黏土	79.0	100	65	27	21.0
		200	105		
		300	140		
		400	181		
	99.7	100	45	6	20.8
		200	90		
		300	128		
		400	160		
砂质黏土	59.5	100	101	53	24.9
		200	147		
		300	190		
		400	240		
	70.3	100	70	26	24.5
		200	115		
		300	160		
		400	210		
	83.3	100	61	14	24.4
		200	102		
		300	150		
		400	196		
	100.0	100	50	8	24.2
		200	100		
		300	147		
		400	184		

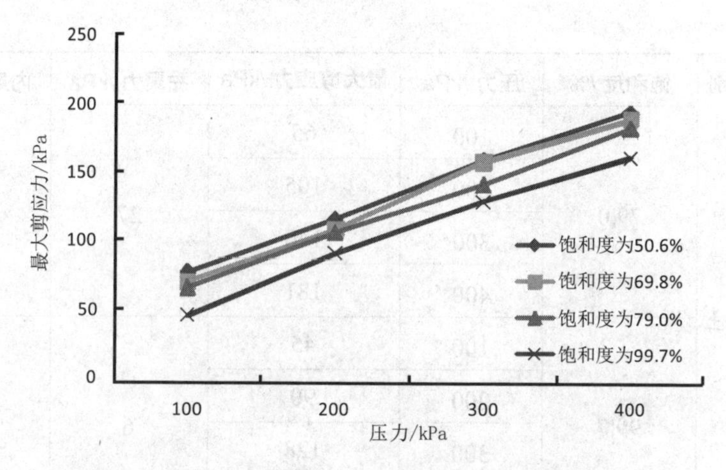

图 3.1　粉质黏土的最大剪应力与垂直压力的关系

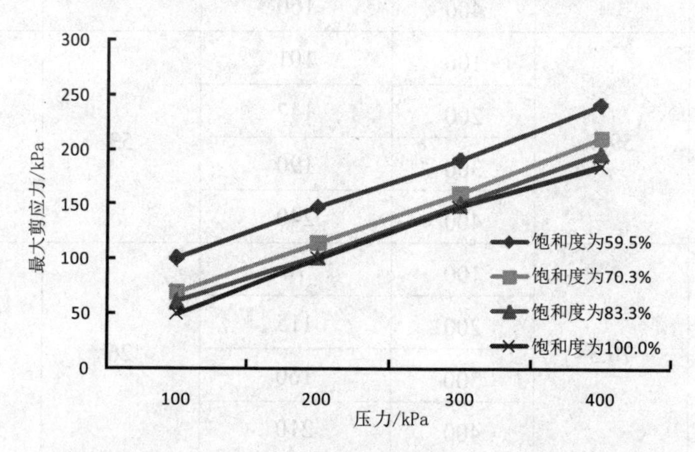

图 3.2　砂质黏土的最大剪应力与垂直压力的关系

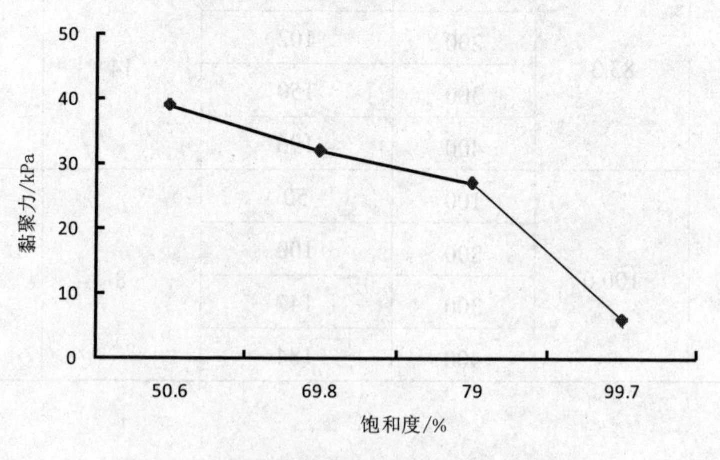

图 3.3　粉质黏土的黏聚力与饱和度的关系

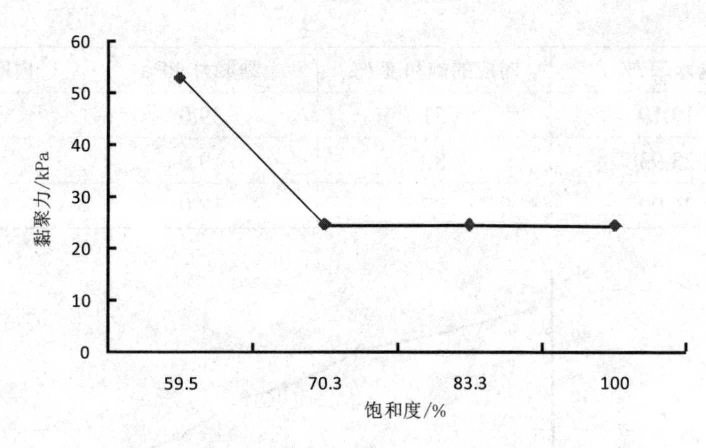

图 3.4　砂质黏土的黏聚力与饱和度的关系

对试验进行分析可知：随着含水率的增加，土的最大剪应力逐渐减小；随着压力的增大，土的最大剪应力呈线性递增趋势；随着土的饱和度的增加，黏聚力的值明显降低，但随着饱和度的提高，砂质黏土的黏聚力的减幅趋于平缓，所以饱和度引起土的黏聚力变化存在一个临界饱和度。

再以文献 [38] 的试验数据，分析非饱和粉质黏土抗剪强度随含水量的变化。试验土样的物理性质如表 3.3 所示。

表 3.3　土样物理性质指标

含水率 /%	比重	干密度 /（g/cm^3）	孔隙比	塑限	液限	塑性指数
22	2.7	1.56	0.69	19	33	14

分别配置不同含水率的土的试样，进行不固结快剪试验，试验结果见表 3.4。粉质黏土的内摩擦角和黏聚力与含水率的关系曲线见图 3.5、图 3.6 。

表 3.4　不同含水率下土的抗剪强度指标

含水率 /%	对应的饱和度 /%	黏聚力 /kPa	内摩擦角 / 度
1.11	4	16.0	44.0
5.19	19	32.0	40.6
9.76	36	52.0	37.5
11.78	44	55.5	34.5
13.70	51	69.5	31.5
15.73	58	42.0	30.0

续表

含水率 /%	对应的饱和度 /%	黏聚力 /kPa	内摩擦角 / 度
19.19	71	39.0	23.5
23.93	89	19.0	17.5
26.09	97	18.0	18.0

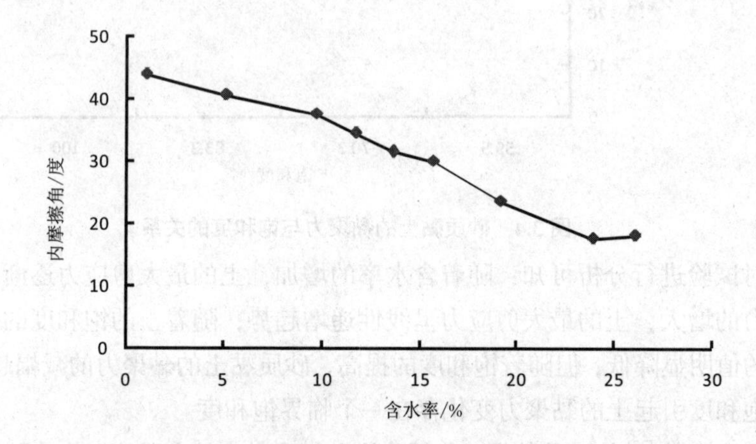

图 3.5　内摩擦角与含水率的关系曲线

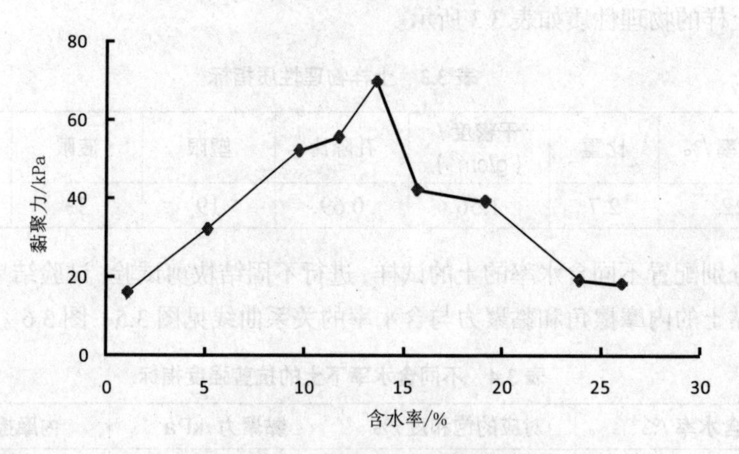

图 3.6　黏聚力与含水率的关系曲线

结果分析如下。

①含水率对内摩擦角的影响分析。

土的内摩擦角随含水率的增加呈现线性递减，其原因是随着含水率的增大，土颗粒之间的水膜厚度增大，颗粒间的摩擦系数减小。因此，其内摩擦角随含水率的增大而减小。

②含水率对黏聚力的影响分析。

土的黏聚力随含水率的增大呈现先增大后减小的趋势。当含水率为0～13%时，土的黏聚力随着含水率的增大而增大，其原因是随着含水率的增大，土体中的胶结物质逐渐溶解和重析，其在低含水率情况下，土体中的水分以结合水为主，结合水具有一定的黏滞性、弹性和抗剪性，另外土中毛细水的吸力也随含水率的增大而减小。当含水率为13%～26%时，土的黏聚力随含水率的增大而减小，其原因为随着含水率的增大，使土粒表面的结合水膜增厚，而随着水膜的厚度增加，水由以结合水为主转变为以自由水为主，水的黏滞性减弱；且随着含水率增大并趋于饱和，土中毛细水的吸力逐渐减小直至为零。因此，土的黏聚力随含水率的增大而减小。

二、三轴剪切试验

在目前的实际工作中，除了通过快速直剪试验获得土体抗剪强度指标外，一般还通过三轴剪切试验求得土体抗剪强度指标，其原则是取主应力差与轴向应变关系曲线的峰值为破坏点，无峰值时取15%的轴向应变时的主应力差值作为破坏点。这里采用的土样为砂质黏土，共制备12个土样品，每三个土样品为一组，共四组，采用三轴固结排水剪切试验。

从本组试验可以得到砂质黏土在各种饱和度条件下的内摩擦角与黏聚力的统计表，详见表3.5。

表3.5 不同饱和度下砂质黏土的黏聚力和内摩擦角

土的类别	饱和度/%	黏聚力/kPa	内摩擦角/度
砂质黏土	59.5	34	26.5
	70.3	24	26.0
	83.3	20	25.0
	100	7.8	24.5

砂质黏土的内摩擦角和黏聚力与饱和度的关系曲线如图3.7、3.8所示。

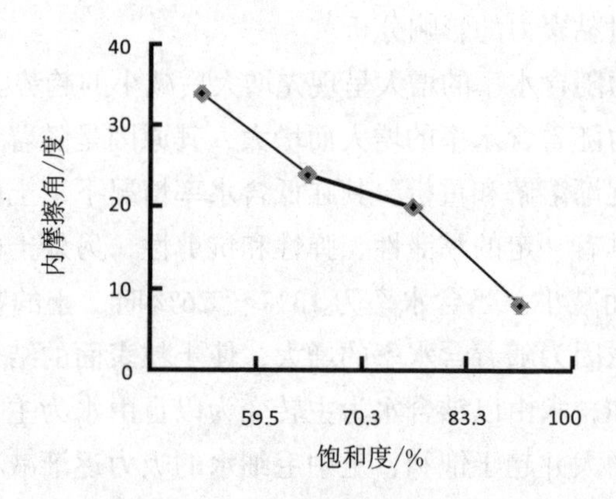

图 3.7　黏聚力与饱和度的关系

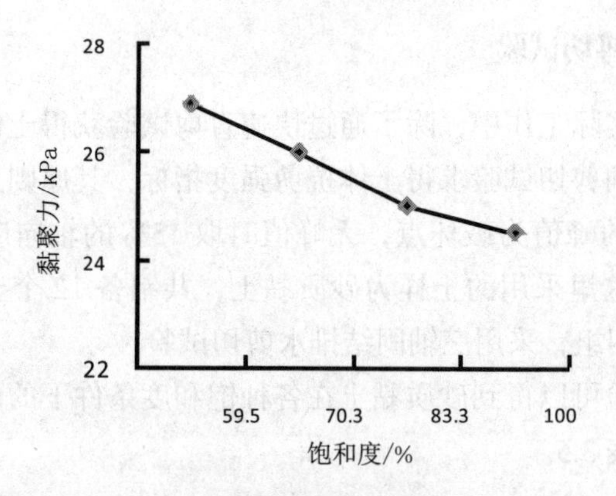

图 3.8　内摩擦角与饱和度的关系

试验数据表明：随着土的饱和度的增加，黏聚力的值明显降低；但随着饱和度的提高，其黏聚力的减幅趋于平缓，所以饱和度引起岩土黏聚力变化存在一个临界饱和度；另外，土的内摩擦角基本上不发生改变，但综合起来看随着土体含水量的增加，土体的抗剪强度将降低，这个结论与直剪试验非常一致。

另外，直剪试验比三轴剪切试验测得的抗剪强度偏大些，这是由于直剪试验剪切面是固定的，而剪切面积随剪切位移的增加而减小，剪切力和剪应变分布都不均匀，且不能严格控制排水，部分水分从剪切盒间的缝隙排出，使得含水量较大的土样内摩擦角值偏大。但是三轴剪切试验的剪切面是不固定的，剪切面是试样抗剪能力最弱的面，剪应力和剪应变分布均匀，而且能严格控制排水，试验结果更接近于土样的实际理论值。

三、压缩固结试验

本节前文讲述用直剪试验与三轴剪切试验研究了含水量（饱和度）的变化对土体强度的影响，现通过压缩固结试验研究含水量（饱和度）的变化对土体变形的影响。土样为砂质黏土，其基本物理力学参数如表 3.5 所示。表 3.6 为不同的饱和度下压缩固结试验记录。图 3.9 为砂质黏土的 e−p 曲线与饱和度关系。

表 3.6　不同饱和度下砂质黏土固结试验结果

围压	饱和度 59.5%		饱和度 80.3%		饱和度 93.3%		饱和度 100%	
P/kPa	Δh/mm	e_i	Δh/mm	e_i	Δh/mm	e_i	Δh/mm	e_i
0	0.000	0.902	0.000	0.902	0.000	0.902	0.000	0.902
12.5	0.097	0.901	0.099	0.900	0.100	0.898	0.146	0.888
25	0.173	0.900	0.181	0.890	0.190	0.889	0.257	0.878
50	0.361	0.880	0.374	0.872	0.382	0.871	0.450	0.859
100	0.622	0.857	0.643	0.846	0.677	0.842	0.751	0.831
200	0.911	0.822	0.911	0.810	1.040	0.808	1.170	0.791
400	1.187	0.779	1.385	0.768	1.468	0.767	1.660	0.744
700	1.569	0.745	1.344	0.735	1.859	0.730	2.138	0.699
1000	1.891	0.731	1.997	0.707	2.130	0.704	2.469	0.667

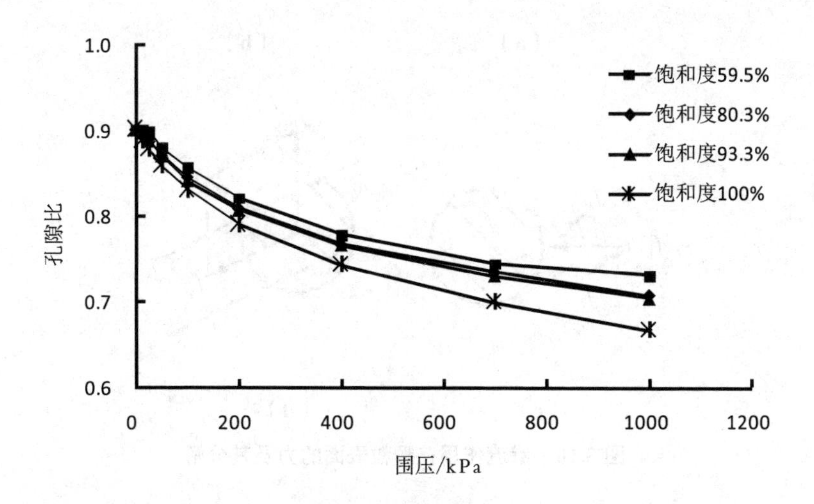

图 3.9　不同饱和度下砂质黏土的 e−p 曲线

通过试验分析表明：对于同一种土样，土的压缩变形主要受饱和度的控制，随围压的增大，土的孔隙比逐渐减小；在同一级荷载的作用下，含水量越大，孔隙比降低越大，变形也越大；另外，每种土样的压缩曲线不是呈直线关系的，而是近似于双曲线关系。

3.2 入渗力学作用

3.2.1 入渗动静水压力作用

土边坡在降雨入渗的过程中，主要受重力、阻力、毛细管力水以及惯性力等作用。水在土体孔隙中流动时，对于土体或土粒骨架的稳定性将发生破坏作用。渗流作用在颗粒表面的力一般有两种[39]：垂直于颗粒周界表面的水压力f_p和颗粒表面相切的水流摩阻力f_f，如图 3.10（a）、3.10（b）所示。

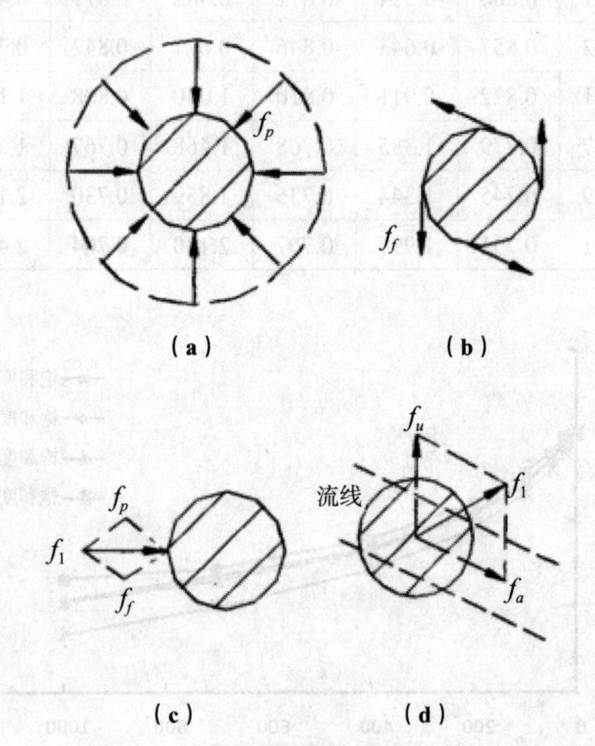

图 3.10　渗流作用在颗粒表面的力及其分解

显然，这两个力经过对颗粒表面积分，都可用一个向量表示，如图 3.10（c）中 f_p 与 f_f，这两个力的合力可称为渗流作用力。考虑体积为 V 的土体的渗流作用力为

$$f=\frac{\sum f_1}{V} \tag{3-1}$$

一般为了计算的方便，将渗流作用力分解为垂直向上的分布与沿流线的分布，如图 3.10（d）所示，也就是分解成浮力 f_u 和渗透力 f_s。

对于沿流线方向任何一个土柱，如图 3.12 所示，压力水头差包括两部分，即 dh+dz，其中 dh 可理解为渗流水头，dz 为静水头；而倾斜流管的自重分力水头（-dz），正好与压力水头中的静水头 dz 平衡，只剩下一个渗流水头 dh 产生水的渗流作用。同时土柱周边的静水压力，只对土体起浮力的作用，使土体转化为浮重。

对图 3.11 分析得知，根据静力平衡条件，其渗透力为

$$f_s=-\gamma_w\frac{\mathrm{d}h\mathrm{d}A}{\mathrm{d}A\mathrm{d}s}=-\gamma_w\frac{\mathrm{d}h}{\mathrm{d}s}=-\gamma_w J \tag{3-2}$$

式中：J 为水力坡降；γ_w 为水的容重。

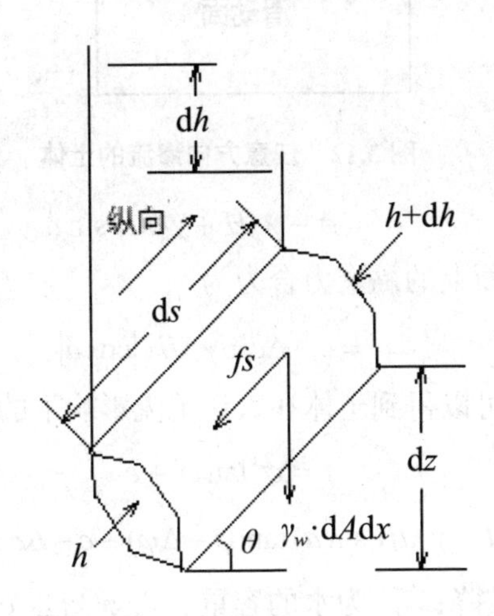

图 3.11　任一土柱周边的静水压力关系

3.2.2 不同渗流条件下土体抗剪强度变化分析

一、不同渗流条件下土体抗剪强度变化机理分析

入渗动水压力作用最终反映在土体本身抗剪强度性质的变化上，下面详细推导其数学定量关系式。

假定土体中的滑动面为水平方向，土体中的渗流方向为任意方向，假设与滑动面方向成夹角 a，如图 3.12 所示。由图 3.12 可知，入渗的水流给土体施加的渗流力可以分解为平行和垂直于滑动面两组力，此时滑动面上的法向有效应力为

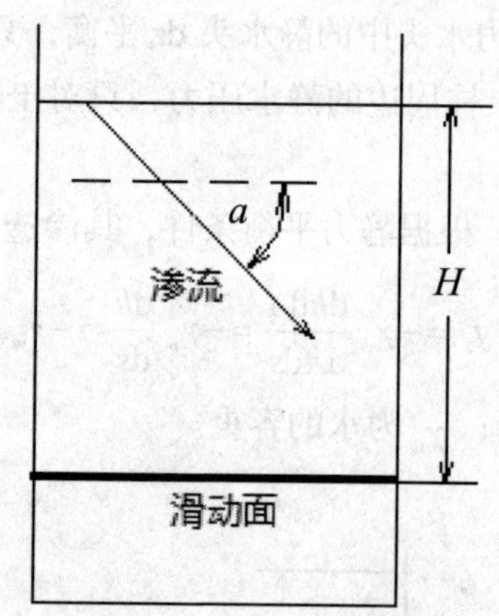

图 3.12 任意方向渗流的土体

$$\sigma' = \sigma - \gamma_w H + \gamma_w JH \sin a \tag{3-3}$$

同理平行于滑动面上的黏聚力合力为

$$c' = c - \Delta c \pm \gamma_w JH |\cos a| \tag{3-4}$$

综合上述两式，可以得到土体在入渗水流影响下的抗剪强度公式：

$$\begin{aligned}\tau &= \sigma' \tan\varphi' + c' \\ &= (\sigma - \gamma_w H + \gamma_w JH \sin a)\tan(\varphi - \Delta\varphi) + c - \Delta c \pm \gamma_w JH |\cos a|\end{aligned} \tag{3-5}$$

式中：J 为水力坡降；γ_w 为水的容重；$\Delta\varphi$ 与 Δc 分别为静水使土体的内摩擦角和黏聚力的降低值。

如果是垂直滑动面的入渗水流，即渗流与滑动面方向的夹角 a 为 90 度，结合式（3-5）可以得到垂直于滑动面渗流的土体抗剪强度公式：

$$\tau = (\sigma - \gamma_w H \pm \gamma_w JH)\tan(\varphi - \Delta\varphi) + c - \Delta c \tag{3-6}$$

式中“±”根据相对于滑动面的渗流方向而定，若垂直滑动面向内流为“+”，若垂直滑动面向外流为“–”。同理如果是平行滑动面的入渗水流，即渗流与滑动面方向的夹角 a 为 0 度，

结合式（3–5）可以得到平行于滑动面渗流的土体抗剪强度公式：

$$\tau = (\sigma - \gamma_w H)\tan(\varphi - \Delta\varphi) + c - \Delta c \pm \gamma_w JH \tag{3-7}$$

式中“±”根据相对于滑动面的渗流方向而定，若平行滑动面向后流为“+”，若平行滑动面向前流为“–”。

二、不同渗流条件下土体抗剪强度变化算例分析

假设某土体高为 H=30.0 m 的，土体干燥状态下的内摩擦角 φ' =30º，黏聚力 c=0.6 MPa，正应力为 σ=4.0 MPa；土体饱和情况下的内摩擦角 φ' =20º，黏聚力 c' =0.4 MPa，沿渗流方向的水力坡降 J=4，水的容重 γ_w=9.8 kN/m^3。由式（3–5）至（3–7）可计算出此土体在各种情况下的抗剪强度，如表 3.7 所示。

由表 3.7 可知，土体中的渗流方向对土体抗剪强度的影响非常明显，其中在垂直滑动面向外或向内流情况下，土体抗剪强度都将变小，特别是垂直滑动面向外流时，土体抗剪强度变化最大，只有原抗剪强度的 31.7%；在平行滑动面向前或向后流情况下，土体抗剪强度变化各不相同，其中平行滑动面向后流时，其抗剪强度明显增大，增幅为 21.1%，这个就可以解释地下水对岩土体的浮托作用；另外在任意方向情况下，土体抗剪强度变化范围在垂直滑动面向外流与平行滑动面向后流两个极端形式下的剪切值之间。所以随着地下水位的下降与抬升，渗流方向的改变，岩土体的抗剪强度将产生变化，这个也可以解释城市过量开采地下水，产生地层沉降与塌陷等地质灾害现象。

表 3.7　不同渗流条件下土体抗剪强度变化

渗流情况	抗剪强度 /MPa	与干燥状态下对比率 /%
地下水位以上	2.909	100
饱和静水中	1.856	62.1
垂直滑动面向内流	1.516	51.9
垂直滑动面向外流	0.921	31.7
平行滑动面向前流	1.173	40.3
平行滑动面向后流	3.525	121.1
任意方向	0.921 ～ 3.525	31.7 ～ 121.1

3.2.3 坡面渗透破坏作用条件分析

入渗到坡体中的水体一般通过孔隙或裂隙入渗到潜水层，但也有部分水体会在坡面流出，产生坡面渗透作用。渗透作用对坡面土体进行冲蚀剥离，日积月累，逐渐造成坡面水土流失，出现局部坍塌破坏作用，与大型滑坡相较而言是一个极其缓慢的过程，但其危害程度不能小视。

现研究出渗处单位体积土体的稳定情况，图 3.13 为坡面上自由出渗水流的作用，假设其坡面倾角为 b，而其出渗的流线倾角为 a，单位土体受到渗透力 $\gamma_w J$、自身浮容重 γ_1'、土的单位黏聚力 C。

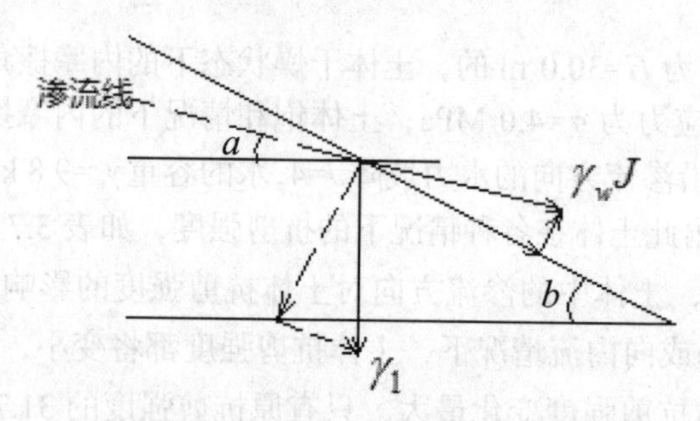

图 3.13 坡面上自由出渗水流的力的作用

根据图 3.13 中的受力分析可知，若沿斜面下滑，可以建立平行斜面的力极限平衡方程：

$$\gamma_1' \sin b + \gamma_w J_{cr1} \cos(b-a) = [\gamma_1' \cos b - \gamma_w J_{cr1} \sin(b-a)] \tan\varphi + C \tag{3-8}$$

则得到平行斜面滑动临界渗透坡降：

$$J_{cr1} = \frac{\gamma_1' \cos b \tan\varphi + C - \gamma_1' \sin b}{\gamma_w [\cos(b-a) + \sin(b-a)\tan\varphi]} \tag{3-9}$$

同理，若垂直冲破斜面，可以建立垂直斜面的力极限平衡方程：

$$\gamma_w J_{cr2} \sin(b-a) - \gamma_1' \cos b = [\gamma_1' \sin b - \gamma_w J_{cr2} \cos(b-a)] \tan\varphi + C \tag{3-10}$$

则得到垂直冲破斜面临界渗透坡降：

$$J_{cr2} = \frac{\gamma_1' \sin b \tan\varphi + C + \gamma_1 \cos b}{\gamma_w [\sin(b-a) + \cos(b-a)\tan\varphi]} \tag{3-11}$$

下面讨论几种特殊情况下出渗破坏的临界渗透坡降。

①当渗流垂直坡面出渗时，即 a=90−b 时，式（3-10）与（3-11）可以分别简化如下：

$$J'_{cr1}=\frac{\gamma_1'\cos b\tan\varphi+C-\gamma_1'\sin b}{\gamma_w[\cos(2b-90)+\sin(2b-90)\tan\varphi]} \tag{3-12}$$

$$J'_{cr2}=\frac{\gamma_1'\sin b\tan\varphi+C+\gamma_1\cos b}{\gamma_w[\sin(2b-90)+\cos(2b-90)\tan\varphi]} \tag{3-13}$$

②当渗流平行坡面出渗时，即 $a=b$ 时，式（3-10）与（3-11）可以分别简化如下：

$$J''_{cr1}=\frac{\gamma_1'\cos b\tan\varphi+C-\gamma'\sin b}{\gamma_w} \tag{3-14}$$

$$J''_{cr2}=\frac{\gamma_1'\sin b\tan\varphi+C+\gamma_1\cos b}{\gamma_w\tan\varphi} \tag{3-15}$$

我们不难证明式（3-14）得到的临界坡降是最小的，即土坡只要满足式（3-14），就可以保证土坡在出渗口不产生渗透破坏作用。

3.3　渗流引起的主要崩岸类型及特点

规模较大出现概率最高的崩岸形式有两种 [40]：一是坍塌型崩岸，二是流滑型崩岸 [41-42]，它们占规模较大崩岸的比例达 90% 以上。坍塌型崩岸为高大陡坡中由渗流引起的土体崩塌破坏，流滑型崩岸则是水流冲刷过程中引起的土体滑落破坏。

3.3.1　坍塌型崩岸基本特征

坍塌型崩岸最终造成的河堤破坏外表既有条状形态，也有窝状形态。破坏后的河堤断面形态呈现上陡下缓的折线形态，下部为稳定的缓坡，上部土体直立呈假性稳定状态。此类崩岸主要特征有以下几点：一是土体破坏主要是垂向倾倒与塌落，即破坏土体垂直位移远大于水平位移；二是河堤土体在一段时间内间歇性地多次塌落，间隔时间长短不规则，呈现随机的渐进式破坏状态，每次土块的倾倒塌落都相当于一次滑动破坏，破坏面基本是平面或平缓的曲面；三是塌落的土体部分被水流搬运至下游，部分堆积在坡脚处逐渐形成新的稳定坡度，上部土体一般仍维持陡立的假性稳定状态，随时可能出现新的崩塌；四是土体崩塌规模较大，一般情况下，最终崩落的土体体积达数十万甚至上百万立方米，使得岸线后退数十米，或形成长百米、宽数十米的窝塘。

3.3.2 成因与力学机理

坍塌型崩岸大多出现在退水期或枯水期，河堤物质组成多为无黏性土或弱黏性土，抗冲性差，且土体中易形成渗流。坍塌型崩岸形成过程如图 3.14 所示，其形成原因主要是土体自重和坡内渗流的共同作用，并不是水流冲刷，力学机理基本上可采用土力学边坡稳定理论予以解释和分析。

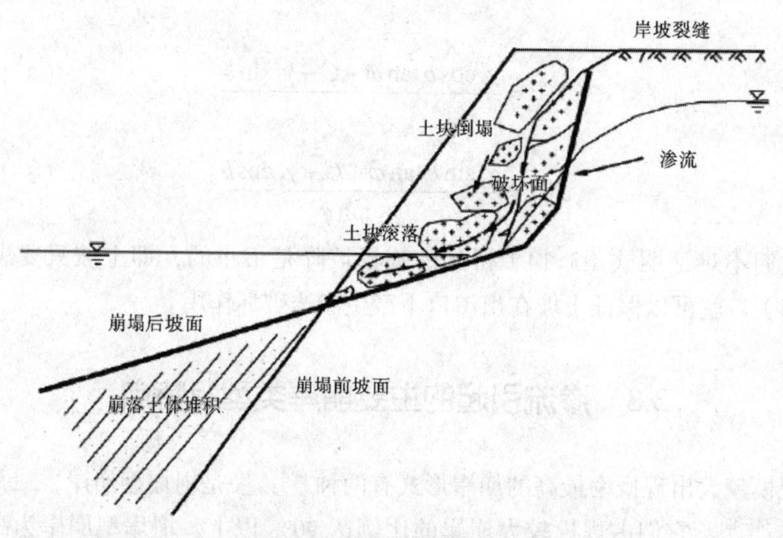

图 3.14　坍塌型崩岸形成过程

在洪水期及退水期，河堤尤其是坡脚往往受到水流强烈冲刷，从而变得陡峭形成高大陡坡。当水位消落后，河堤上部（水位以上）为非饱和湿坡或干坡，土体容重为自然容重，自重形成的滑动力较大，河堤下部（水位以下）为浸水坡，土体容重小，为浮容重，形成的抗滑阻力较小。同时，当河道水位降落速度较快或突降暴雨，河堤土体中易形成大坡降入河渗流，也促使陡坡上局部陡坡的土体产生破坏或滑动。

由土力学理论 [43] 可知，在土体自重、渗流及外部荷载多种因素作用下，坡脚处土体将首先出现裂隙或陷坑，以至形成破坏面，沿破坏面出现土块倾倒与塌落，不仅使其后部土体失去支撑，同时也缩短了入河渗流的渗径，后部土体随即依次产生失稳，逐步出现倾倒塌落，每次土块倾倒塌落都相当于一次平面滑动破坏，随着时间的延长，土块塌落现象逐步向后发展，最终河堤被整体破坏，形成下缓上陡的坡面形态。当纵向河堤土体组成相似时，形成与岸线平行的长距离条带状崩塌，即通常所述的条崩；当沿线河堤土体组成不同时，且崩段上下游河堤稳定性较好，崩塌不能沿岸连续形成，只能向河堤内侧纵深方向发展，逐步形成半圆形或马蹄形崩塌，即通常所述的窝崩。

依据土力学不平衡推力理论进行分析，假定河堤土组成垂向分布均匀，由多次局部平面滑动破坏形成整体破坏。对于任一次崩塌的土体单元 i，考虑其垂向和平行滑动面方向上力的平衡，并根据安全系数定义和摩尔－库仑破坏准则，可得出：

$$N_i - W_i\cos\beta_i - P_{i-1}\sin(\beta_{i-1}-\beta_i)=0 \tag{3-16}$$

$$W_i\sin\alpha_i + \gamma_w J_s V_s\cos(\alpha_i-\theta) + P_i - W_i\sin\beta_i - P_{i-1}\cos(\beta_{i-1}-\beta_i)=0 \tag{3-17}$$

$$F_s=\frac{c_iL_i+N_i tg\varphi_i}{T_i+F_i} \tag{3-18}$$

$$F_s=\frac{P_{i-1}\psi_i-P_i+W_i\sin\beta_i}{c_iL_i+W_i\cos\beta_i tg\varphi_i} \tag{3-19}$$

其中：α 为河堤坡度；β 为滑动破坏面与水平面的夹角；L_i 为土体单元滑动长度；W_i 为土体单元自重；N_i 为土体单元下部土体的作用力；P_{i-1} 和 P_i 分别为土体单元前后土体的作用力；J_s 为渗透水力坡降；V_s 为渗流流速；θ 为渗透水流与水平方向的夹角；F_s 为安全系数。

当安全系数 F_s 小于 1 时，表明土体单元处于失稳状态，将出现沿破坏面的平面滑动。对于河堤整体稳定性，可从坡顶第一条土体开始逐条向下进行试算推求，当推求出坡脚处（最后一条土体）的推力 P_n= 0 时，根据所对应的 F_s 和坡度，就可判别坡体是否处于稳定状态或产生崩塌破坏现象。

3.3.3　形成与分布规律

坍塌型崩岸发生的概率最高，主要发生在河漫滩相对高大的河堤。在长江中游河段及部分下游河段，河漫滩与深泓的高差多在 20 m 以上，有的甚至可达到 40 ～ 50m，且洪水期与枯水期的水位变化较大，一般在 10 ～ 20m，涨落水期水位升降速率也较快。在汛后退水期，由于河道水位骤降，坡内地下水位较高，高大陡坡中形成比降较大的入河渗流，为土体坍塌和滑移提供了动力条件。

第 4 章　河堤稳定性关键参数影响的试验研究

江河堤坡坍塌失稳过程是个长期的过程，是水土相互作用下，以及河堤水流冲击作用下的长期土体应力场和渗流场耦合的过程。要研究河堤坍塌的失稳机理，必须明确河堤边坡土体物理参数随含水量的变化及渗流的影响，这些参数的获取仅靠现场调查难以直接获取，必须通过土工试验和室内模型试验方法得到。本书主要从影响河堤稳定的关键参数——土的渗透系数与抗剪强度进行试验的相关研究，包括土的渗透系数随围压的变化、土在不同应力状态下的固结作用，以及在不同含水率下土的抗剪强度试验。

4.1　土样基本性质

试验的土样取自淮河蚌埠段（图 4.1），断面显示土层具有明显的分层特点，上部为杂填土层，受人为活动影响；下部为残坡积土层。上部土层颜色较黑，受耕种影响，土质疏松，土层厚度为 0.5 ～ 1.0 m；下层土颜色较浅，颗粒较细且分布均匀，土层水上厚度为 2.0 ～ 4.0 m。试验主要选取下层土作为土样。

图 4.1　土样选取位置

4.1.1 天然含水率

用称量盒取代表性土样三份，称取其湿土质量，再将其放入烘箱，在105 ℃温度下烘干水分10小时，称取其干土质量，计算得土样天然含水率为21.5%。

4.1.2 天然干密度

采用环刀法：切取三个代表性土样，称取土样质量，根据环刀体积计算天然状态下土样的干密度为1.52 g/cm^3。

4.1.3 液塑限

采用液塑限联合测定法：取代表性的风干土样进行试验。使土样的含水率分别控制在液限、略大于塑限和二者的中间状态，将备好的土样充分搅拌均匀，分层装入盛土杯中、刮平；将试样杯放在联合测定仪的升降座上，在圆锥上抹一薄层凡士林，接通电源，使电磁铁吸住圆锥；调节零点，将屏幕上的标尺调在零位，调整升降座，使圆锥尖接触试样表面，指示灯亮时圆锥在自重下沉入试样，经5s后测读圆锥下沉深度；取出试样杯，取锥体附近的试样测定含水率。

根据曲线得到土样的塑限 w_p=19.0%，液限 w_{L17}=29.5%，塑性指数Ip=10.5。

4.1.4 颗粒分析

采用乙种密度计法：称取干土质量为30 g的风干试样，倒入500 mL锥形瓶，注入纯水200 mL，浸泡过夜；然后置于煮沸设备上煮沸40 min；将悬液倒入量筒，加入4%六偏磷酸钠10 mL，再注入纯水至1000 mL；将搅拌器放入量筒中，沿悬液深度上下搅拌1min，取出搅拌器，立即开动秒表，将密度计放入悬液中，测记0.5、1、2、5、15、30、60、120、1440 min时的密度计读数，并测定相应的悬液温度。

试验的结果见表4.1。根据结果分析土样属于粉质黏土类型。

表4.1 土样的颗粒级配

测量参数	极细砂	粉粒	黏粒
粒径 /mm	0.1 ～ 0.05	0.05 ～ 0.005	<0.005
含量 /%	13.0	44.5	42.5

4.1.5 比重

采用比重瓶法测定得土样的比重为2.74。

4.2　试验方案

4.2.1　渗透试验

一、试验目的

渗透性质是土体重要的工程性质，决定着土体的强度性质和变形、固结性质，与强度问题、变形问题合成土力学的主要研究热点。相同干密度的土在周围压力的压密作用下，渗透性会发生变化，从而影响土体的强度性质。本试验旨在测试不同压力下土的渗透性变化。

二、试验方法选取

目前粉质黏土的渗流计算分析中的渗透系数大多采用变水头渗透仪进行测试，但存在侧壁渗流问题。用变水头渗透仪所测出的渗透系数结果存在较大的偏差，且测量周期较长[44-45]，而三轴渗透仪能克服侧壁渗流问题，使试样恢复到天然状态下的应力状态，有效弥补变水头渗透试验的不足[46]。三轴渗透仪能提供较大的围压，适用于渗透系数较小的土样的渗透系数测量。

本节将分别采用变水头渗透试验、三轴渗透试验测试在无围压和有围压变化情况下土的渗透系数。其中变水头渗透试验试样规格（图 4.2）为 Φ=6.18 cm，H=4.00 cm；三轴渗透试验试样规格为 Φ=3.19 cm，H=8.01 cm。

试样制备按《土工试验方法标准》（GB/T 50123—2019）的规定进行。

图 4.2　试样规格示意图

（一）变水头渗透试验

1. 试验仪器设备

变水头渗透试验中采用的试验装置如图 4.3 所示。

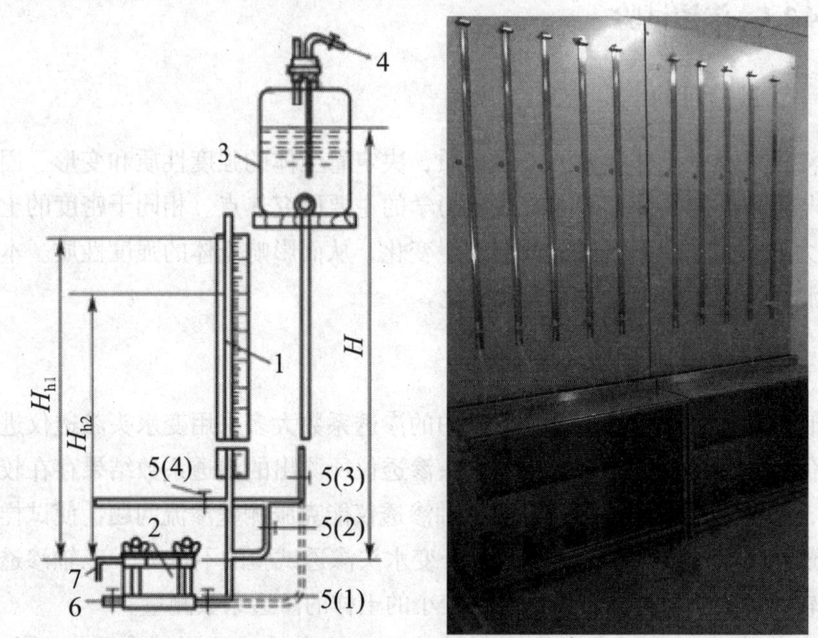

图 4.3　变水头渗透装置

1—变水头管；2—渗透容器；3—供水瓶；
4—接水源管；5—进水管夹；6—排气管；7—出水管

2. 试验步骤

①将装有试样的环刀装入渗透容器，用螺母旋紧，要求密封至不漏水不透气。

②将渗透容器的进水口与变水头管连接，利用供水瓶中的纯水将进水管注满水，并渗入渗透容器，然后开排气阀，排除渗透容器底部的空气，直至溢出水中无气泡，最后关排水阀，放平渗透容器，关进水管夹。

③向变水头管注水，使水升至预定高度，待水位稳定后切断水源，开进水管夹，使水通过试样。当出水口有水溢出时开始测记变水头管中起始水头高度和起始时间，按预定时间间隔测记水头和时间的变化，并测记出水口的水温。

④将变水头管中的水位变换高度，待水位稳定时再测记水头和时间变化，重复 5 ～ 6 次，当不同开始水头下测定的渗透系数在允许差值范围时，结束试验。

变水头渗透系数应按下式计算：

$$k_T = 2.3\frac{aL}{A(t_2 - t_1)}\log\frac{H_1}{H_2} \tag{4-1}$$

式中：

a——变水头管的截面积（cm^2），

L——渗径（cm），即试样高度；

A——试样截面积（cm^2）；

2.3——ln 和 log 的变换因数；

t_1，t_2——分别为测读水头的起始和终止时间（s）；

H_1，H_2——起始和终止水头。

本试验以水温 20℃为标准温度，标准温度下的渗透系数应按下式计算：

$$k_{20} = k_T\frac{\eta_T}{\eta_{20}} \tag{4-2}$$

式中：

k_{20}——标准温度时试样的渗透系数（cm/s）；

η_T——T ℃时水的动力黏滞系数（kPa · s）；

η_{20}——20 ℃时水的动力黏滞系数（kPa · s）；

η_T / η_{20}——黏滞系数比。

水的动力黏滞系数、黏滞系数比、温度校正值如表 4.1 所示。

表 4.1　水的动力黏滞系数、黏滞系数比、温度校正值

温度 T/℃	动力黏滞系数 η / [kPa · s(10⁻⁶)]	η_T / η_{20}	温度校正值 T_p	温度 /℃	动力黏滞系数 η / [kPa · s(10⁻⁶)]	η_T / η_{20}	温度校正值 T_p
5.0	1.516	1.501	1.17	11.0	1.274	1.261	1.40
5.5	1.498	1.478	1.19	11.5	1.256	1.243	1.42
6.0	1.470	1.455	1.21	12.0	1.239	1.227	1.44
6.5	1.449	1.435	1.23	12.5	1.223	1.211	1.46
7.0	1.428	1.414	1.25	13.0	1.206	1.194	1.48
7.5	1.407	1.393	1.27	13.5	1.188	1.176	1.50
8.0	0.387	1.373	1.28	14.0	1.175	1.168	1.52
8.5	1.367	1.353	1.30	14.5	1.160	1.148	1.54
9.0	1.347	1.334	1.32	15.0	1.144	1.133	1.56
9.5	1.328	1.315	1.34	15.5	1.130	1.119	1.58
10.0	1.310	1.297	1.36	16.0	1.115	1.104	1.60
10.5	1.292	1.279	1.38	16.5	1.101	1.090	1.62

续表

温度 T/℃	动力黏滞系数 η / [kPa · s(10^{-6})]	η_T / η_{20}	温度校正值 T_p	温度 /℃	动力黏滞系数 η / [kPa · s(10^{-6})]	η_T / η_{20}	温度校正值 T_p
17.0	1.088	1.077	1.64	24.0	0.919	0.910	1.94
17.5	1.074	1.066	1.66	25.0	0.899	0.890	1.98
18.0	1.061	1.050	1.68	26.0	0.879	0.870	2.03
18.5	1.048	1.038	1.70	27.0	0.859	0.850	2.07
19.0	1.035	1.025	1.72	28.0	0.841	0.833	2.12
19.5	1.022	1.012	1.74	29.0	0.823	0.815	2.16
20.0	1.010	1.000	1.76	30.0	0.806	0.798	2.21
20.5	0.998	0.988	1.78	31.0	0.789	0.781	2.25
21.0	0.986	0.976	1.80	32.0	0.773	0.765	2.30
21.5	0.974	0.964	1.83	33.0	0.757	0.750	2.34
22.0	0.968	0.958	1.85	34.0	0.742	0.735	2.39
22.5	0.952	0.943	1.87	35.0	0.727	0.720	2.43
23.0	0.941	0.932	1.89				

（二）三轴渗透试验

在变水头渗透试验中，试样通常盛放在一个刚性环套形的盛器内，这种方法会导致沿盛器和试样的界面间的渗流。在三轴仪中，用一块柔性的橡皮膜代替了刚性环，由于三轴室内的压力作用，橡皮膜同试样紧贴在一起，这样就将沿界面渗流的可能性减至最小。用三轴仪的另一个优点是在试验前可以把试样固结至原始应力状态下或者所要求的应力状态下。

1. 试验仪器设备

三轴渗透试验中采用的试验装置为 SLB-1 型全自动三轴仪，如图 4.4 所示。

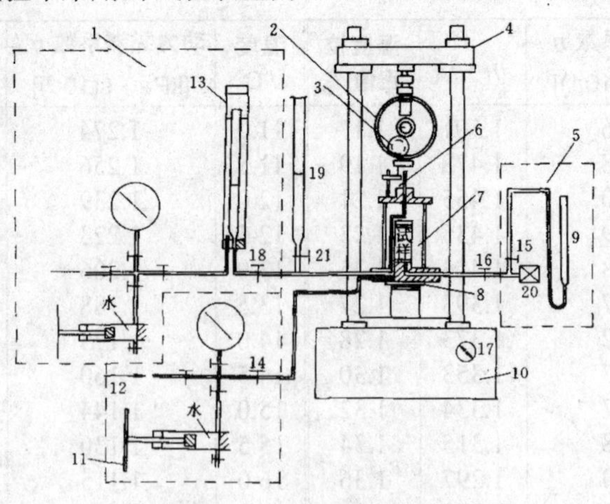

图 4.4　三轴渗透试验装置

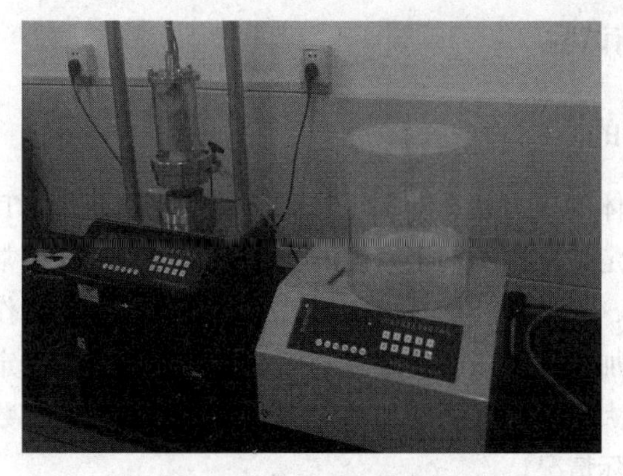

图 4.4　三轴渗透试验装置（续）

1—反压力控制系统；2—轴向测力计；3—轴向位移计；4—试验机横梁；5—孔隙压力测量系统；6—活塞；7—压力室；8—升降台；9—量水管；10—试验机；11—围压控制系统；12—压力源；13—体变管；14—围压阀；15—量变阀；16—孔隙压力阀；17—手轮；18—体变管阀；19—排水管；20—孔隙压力传感器；21—排水管阀

2. 试验步骤

①打开三轴仪底座的开关，使体变管里的水缓缓地流向底座，待气泡排除后，依次放上透水石和滤纸。

②测量土样的尺寸，把已检查过的橡皮薄膜套在承膜筒上，两端翻起，用吸球从气嘴中不断吸气，使橡皮膜紧贴于筒壁，小心将它套在土样外面，然后让气嘴放气，使橡皮膜紧贴土样周围，用橡皮圈将橡皮膜下端扎紧在底座上。

③打开试样底座开关，让体变管中的水从底座流入试样与橡皮膜之间，排除试样周围的气泡，关闭开关。

④打开与试样帽连通的排水阀，让反压筒中的水流入试样帽，并连同透水石、滤纸放在试样的上端，排尽试样上端及反压系统的气泡后关闭开关，用橡皮圈将橡皮膜上端与试样帽扎紧。

⑤装上压力筒，拧紧密封螺帽，并使传压活塞与土样帽接触，升高升降台使传压活塞轻微接触压力传感器。

⑥向压力室施加围压力，打开反压阀门，记录反压筒读数，待反压筒读数不变即固结完成。

⑦打开出水口阀门，向试样施加反压，记录时间和体变管的读数，直至体变管水位稳定上升，即渗流稳定，记录 3 次以上稳定渗流时的体变管数据。

⑧试验结束释放围压和反压，排空压力室中的水，测试试样的尺寸。

⑨重复⑥⑦⑧步骤，测试不同围压下土样的渗透系数。

4.2.2 固结试验

一、试验目的

不同性质土体的应力状态随围压与荷载的变化而变化，其变化特征可采用三轴固结试验确定。配制不同干密度的土样，利用三轴仪按常规不排水剪试验方法安装好试样，对试样施加有效围压，使试样在一定压力作用下固结。对同一试样，可以施加不同围压，使之达到固结稳定后，分别测定其密度变化。三轴试验可施加较大的围压，所施加的应力和所测得的强度参数以及变形参数能较真实地反映实际情况。

二、试验方法选取

土的压缩性主要是由于孔隙体积减小而引起的。在饱和土体中，水具有流动性，在外力作用下沿着土内孔隙排出，从而引起土体体积减小而发生压缩。常用的固结试验仪有单向固结仪和三轴固结仪。采用单向固结仪进行试验时，由于金属环刀及刚性护环所限，土样在压力作用下只能在竖向产生压缩，而不可能产生侧向变形，而三轴固结试验将土切成圆柱体套在橡胶膜内，放在密封的压力室中，然后向压力室内压入水，使试样在各个方向受到周围压力，并使液压在整个试验过程中保持不变，这时试样内各向的三个主应力都相等，然后再通过传力杆对试样施加竖向压力，可模拟土在天热状态下的应力状态。因此，可采用三轴固结试验进行饱和土体固结规律的研究。

三、试验仪器设备

在三轴固结试验中采用的试验装置是 SLB-1 型全自动三轴仪。仪器的最大围压 2.0 MPa，轴向最大载荷 30 kN。

四、试验步骤

三轴固结试验具体试验步骤如下。

①对仪器各部分进行全面检查，检查周围压力系统、反压力系统、孔隙水压力系统、轴向压力系统是否能正常工作，排水管路是否畅通，管路阀门连接处有无漏水漏气现象，橡皮膜是否有漏水漏气现象。

②拆开压力室的有机玻璃罩，将试样放在试样底座的透水圆板上，在试样的顶部放置不透水试样帽。

③将橡皮膜套在承膜筒上，两端翻过来，用吸咀吸气，使橡皮膜贴紧承膜

筒内壁，然后套在试样外放气，翻起橡皮膜，取出承膜筒，用橡皮圈将橡皮膜分别扎紧在试样底座和试样帽上。

④装上受压室外罩，安装时应先将活塞提高，以防碰撞试样，然后将活塞对准试样帽中心，并旋紧压力室密封螺帽，再将测力环对准活塞。

⑤向压力室充水，当压力室快注满水时，降低进水速度，当水从排水孔溢出时，关闭排水孔。

⑥启动电动机抬高试验底座，当显示屏显示测力环压力变化，表示活塞与试样接触，关闭电动机。

⑦开启周围压力按钮，施加所需的周围压力，周围压力的大小应根据土样埋深和应力历史来决定。试样固结排水进入水压稳定系统读取排水量。待注水量和排水量维持不变后，进行下一围压值试验。

⑧试验结束后，关闭周围应力按钮并将压力降至零，然后打开排气孔，开启排水按钮排去压力室内的水，拆去压力室外罩，取出试样，描述试样破坏的形状，并测得试验后的密度和含水量。

⑨重复以上步骤分别在不同的围压下进行其他试样的试验。

4.2.3　剪切试验

一、试验目的

含水率变化引起的土质强度发生变化主要体现在随含水率增加引起土体的软化上。可取原状土，通过人工增湿配制成有不同含水率的原状土样，利用常规直接剪切试验数据建立黏聚力和内摩擦角与含水率及荷载的关系式，并与不考虑含水率及荷载影响的边坡稳定性分析结果进行对比，确定不同性质土体、不同含水率及荷载下的软化强度的变化规律，定量分析含水率及荷载对土体强度的影响。

二、试验方法选取

直接剪切试验是测定土的抗剪强度的一种常用方法，按施加剪力方式的不同，可分为应变控制式和应力控制式两种。应变控制式通过弹性钢环变形控制剪切位移的速率；应力控制式通过杠杆用砝码控制施加剪应力的速率，测相应的剪切位移。目前，常采用应变控制式。按土样在荷重作用下压缩及受剪时的排水情况不同，试验方法可分为三种：快剪法（或称不排水剪）、慢剪法（或称排水剪）和固结快剪法。本试验将采用快剪法。

三、试验仪器设备

常用的试验仪器有：直剪仪和三轴压缩仪。本试验采用四联等应变直剪仪（图 4.5）。

图 4.5　四联等应变直剪仪

四、试验步骤

①按试验的需要，用已知质量、高度和面积的环刀，取相同试样 4 个，并测其干密度，取余土测含水率。

②对准上下盒，插入固定销。在下盒内放入透水石一块，其上覆隔水板，将环刀刃口向上，对准剪切盒口，在试样上放隔水板及透水石，将试样小心地推入剪切盒内，顺次加上活塞及加压框架。

③开启直剪仪剪切速率控制箱，将剪切速率调至 0.8 mm/min。

④接通土工试验微机数据采集系统，使其处于工作状态，启动微机进行剪切。

⑤试验结束后卸去垂直荷重，然后排除仪器中的水分，按与安装相反的顺序拆除各部件，取出带环刀的试样。必要时，测定试样试验后的含水率。

4.3　试验结果统计分析

4.3.1　渗透试验结果与分析

为研究应力对粉质黏土渗透系数的影响，分别制备干密度为 1.50 g/cm^3、1.55 g/cm^3、1.60 g/cm^3、1.65 g/cm^3 的试样进行变水头渗透试验与三轴渗透试验。在进行三轴渗透试验前先进行土样的固结试验，试验中控制有效应力分别为 20 kPa、40 kPa、60 kPa、80 kPa、100 kPa、150 kPa、200 kPa、250 kPa、300 kPa、350 kPa、400 kPa，试样固结完成后再进行渗透试验，试验结果如表 4.2 所示。

表 4.2　渗透试验结果

试验种类			试样规格			
			干密度 /g·cm^{-3}			
			1.50	1.55	1.60	1.65
变水头渗透试验			8.99E−05	6.44E−05	2.29E−05	3.38E−06
三轴渗透试验	应力/kPa	20	6.10E−05	2.58E−05	9.50E−06	2.47E−06
		40	1.09E−05	7.03E−06	1.97E−06	1.44E−06
		60	8.18E−06	5.05E−06	1.53E−06	1.06E−06
		80	6.45E−06	4.33E−06	1.19E−06	9.08E−07
		100	5.02E−06	3.25E−06	1.09E−06	5.40E−07
		150	3.63E−06	1.51E−06	7.75E−07	2.57E−07
		200	2.16E−06	8.03E−07	3.61E−07	1.07E−07
		250	1.20E−06	5.02E−07	3.07E−07	7.54E−08
		300	7.82E−07	4.30E−07	2.66E−07	7.27E−08
		350	5.75E−07	2.88E−07	2.40E−07	7.21E−08
		400	4.46E−07	2.06E−07	1.99E−07	7.18E−08

由表 4.2 可知：

第一，采用三轴渗透试验测得的结果小于变水头渗透法所测的结果，在应力为 20 kPa 时，三轴渗透试验的结果与变水头渗透法所测的结果较为接近；

第二，粉质黏土的渗透系数随干密度的增大而减小，且受应力的影响显著，如在应力为 40 kPa 条件下渗透系数相差 1 个数量级，在应力为 250 kPa 条件下渗透系数相差达到 2 个数量级；试验结果表明采用室内试验测量土的渗透系数时不可忽视土的天然状态下的应力条件，如采用变水头渗透法所测结果偏差较大，而三轴渗透试验对试样施加应力与天然状态下一致，可较好模拟土的天然状态下的应力状态，所测结果较为准确。

第三，各干密度的试样渗透系数随应力的增大而减小，这是由于土体受压会增加内部有效应力，会使土体发生固结，孔隙率减小，导致土的抗渗能力增强，而随着外部应力持续增大，土的变形趋于稳定，渗透性变化也趋于缓慢。

为便于分析粉质黏土的渗透系数与干密度和有效应力的关系，分别绘制 $\ln k-\rho$ 曲线（如有效应力为 150kPa 时的曲线，见图 4.6）和 $\ln k-\ln(\sigma/\sigma_0)$ 曲线（如干密度为 1.55 g/cm³ 时的曲线，见图 4.7）。

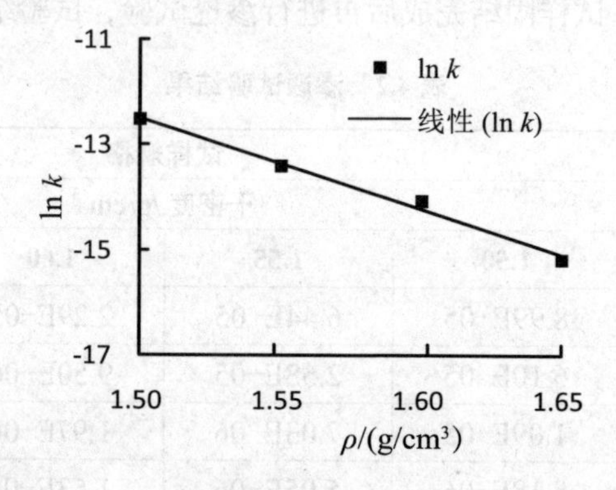

图 4.6　$\ln k-\rho$ 曲线

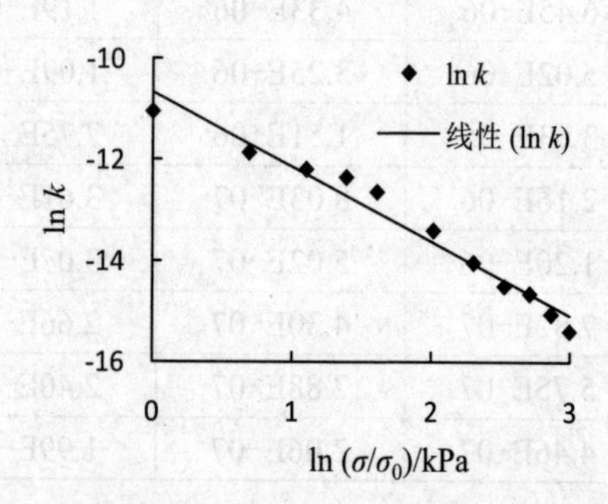

图 4.7　$\ln k-\ln(\sigma/\sigma_0)$ 曲线

根据渗透系数与有效应力和干密度的关系曲线，可知 $\ln k$ 与 ρ 和 $\ln(\sigma/\sigma_0)$ 皆线性相关显著。

采用以下函数形式描述粉质黏土的渗透系数与应力和干密度的关系：

$$k = ae^{b\rho}\left(\frac{\sigma}{\sigma_0}\right)^c \tag{4-3}$$

式中：k 为渗透系数，cm/s；ρ 为干密度，g/cm3；σ 为颗粒所受的有效应力，kPa；σ_0 为初始有效应力，kPa（根据试验结果取 σ_0=20 kPa）；a、b、c 为拟合参数（本书中 a=9.45×10^5，cm/s；b=−15.82，cm^3/g；c=−1.41，无量纲）。

拟合函数中含有 3 个参数：a、b、c，可由以下方法获得。

第一，若已知干密度与应力分别为（ρ_1，σ_1）、（ρ_2，σ_1）、（ρ_1，σ_2），土的渗透系数为 $k_{1,1}$、$k_{2,1}$、$k_{1,2}$，则 a、b、c 的计算方法见式（4-4）、式（4-5）、式（4-6）：

$$a = EXP[(1+\frac{\rho_1}{\rho_2-\rho_1}+\frac{\ln(\sigma_1/\sigma_0)}{\ln\sigma_2-\ln\sigma_1})\ln k_{1,1} - \frac{\rho_1}{\rho_2-\rho_1}\ln k_{2,1} - \frac{\ln(\sigma_1/\sigma_0)}{\ln\sigma_2-\ln\sigma_1}\ln k_{1,2}] \tag{4-4}$$

$$b = (\ln k_{2,1} - \ln k_{1,1})/(\rho_2-\rho_1) \tag{4-5}$$

$$c = (\ln k_{1,2} - \ln k_{1,1})/(\ln\sigma_2 - \ln\sigma_1) \tag{4-6}$$

第二，若已知多组不同干密度与有效应力条件下土的渗透系数，则：

绘制 ln$k$−ρ 曲线（如本例中应力为 150 kPa 时的曲线，见图 4.6），拟合线性回归表达式，此表达式的斜率即参数 b_i（b_i 的平均值为 b）；

绘制 ln$k$−ln（σ/σ_0）曲线（如本例中干密度为 1.55 g/cm^3 时的曲线，见图 4.7），拟合线性回归表达式，此表达式的斜率是参数 c_j（c_j 的平均值为 c）；

选取渗透系数 k_{ij}（如本例中应力 150 kPa、干密度 1.55 g/cm^3 时的 k_{ij} 值），则 $a_{ij}=k_{ij}/[e^{bi\rho}(\sigma/\sigma_0)^{cj}]$（$a_{ij}$ 的平均值为 a）。

应用式（4-3）计算试验条件下的粉质黏土渗透系数，计算结果见表 4.3。

对比表 4.2 的试验观测值与表 4.3 的计算值，各干密度条件下计算值与观测值的相关系数分别为 97.94%、99.33%、98.15% 和 95.51%，计算值与观测值吻合程度较好。采用该函数拟合粉质黏土的渗透系数与应力的关系是可行的。

表 4.3 渗透系数计算值

应力 /kPa	干密度 / (g/cm^3)			
	1.50	1.55	1.60	1.65
20	4.67E–05	2.12E–05	1.11E–05	5.05E–06
40	1.76E–05	7.97E–06	4.26E–06	1.94E–06
60	9.93E–06	4.50E–06	2.44E–06	1.11E–06
80	6.62E–06	3.00E–06	1.64E–06	7.46E–07
100	4.83E–06	2.19E–06	1.20E–06	5.48E–07
150	2.73E–06	1.24E–06	6.88E–07	3.13E–07
200	1.82E–06	8.24E–07	4.62E–07	2.11E–07
250	1.33E–06	6.02E–07	3.40E–07	1.55E–07
300	1.03E–06	4.65E–07	2.64E–07	1.20E–07
350	8.26E–07	3.74E–07	2.14E–07	9.73E–08
400	6.84E–07	3.10E–07	1.78E–07	8.09E–08

4.3.2 固结试验结果与分析

为研究应力对粉质黏土饱和密度的影响，制取饱和密度为 1.85 g/cm^3、1.90 g/cm^3、1.95 g/cm^3、2.00 g/cm^3 的试样进行三轴固结试验。试验中控制有效应力为 20 kPa、40 kPa、60 kPa、80 kPa、100 kPa、150 kPa、200 kPa、250 kPa、300 kPa、350 kPa、400 kPa，分别测量各应力阶段试验后试样的体积，计算粉质黏土的饱和密度。试验结果如表 4.4 所示。

表 4.4 饱和密度试验结果

应力 /kPa	饱和密度 /g · cm^{-3}			
20	1.88	1.93	1.97	2.02
40	1.91	1.95	1.98	2.04
60	1.92	1.95	1.99	2.05
80	1.93	1.96	2.00	2.05
100	1.94	1.97	2.01	2.06
150	1.96	1.98	2.03	2.06
200	1.98	2.00	2.05	2.07
250	1.99	2.02	2.06	2.08

续表

应力 /kPa	饱和密度 /g · cm^{-3}			
300	2.01	2.03	2.07	2.09
350	2.02	2.04	2.07	2.10
400	2.02	2.05	2.08	2.10

为便于分析粉质黏土的饱和密度与应力的关系，绘制饱和密度 ρ_{sat} 与应力 σ 的关系曲线，如图 4.8 示。结合表 4.4 与图 4.8 可知，粉质黏土的饱和密度随着应力的增大而增大，在应力为 100 kPa 以内土的饱和密度增大较快，100kPa 以上土的饱和密度增幅趋于缓慢。在 400 kPa 时，饱和密度增幅为 5%（原饱和密度为 2.00 g/cm^3 时）至 9%（原饱和密度为 1.85 g/cm^3 时）。

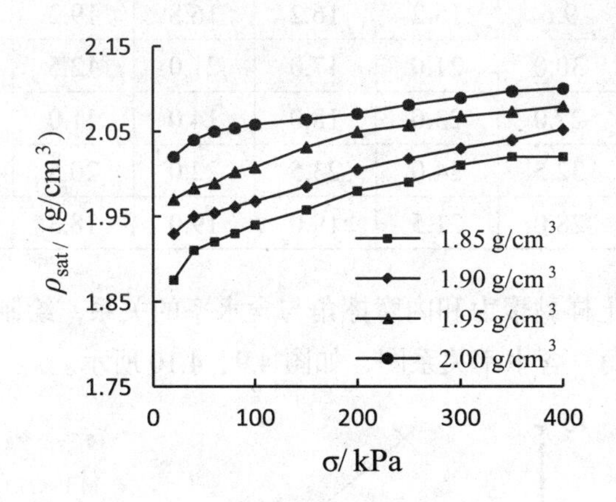

图 4.8　饱和密度与应力的关系

4.3.3　剪切试验结果与分析

一、非饱和剪切

为研究不同干密度土样在不同含水率情况下的抗剪强度，分别制备干密度为 1.50g/cm^3、1.55 g/cm^3、1.60 g/cm^3、1.65 g/cm^3，含水率为 9.6%、15.2%、16.2%、16.8%、19.2%、20.8%、24.3% 的试样，进行剪切试验。试验结果如表 4.5 、4.6 所示。

表 4.5　不同干密度土样在不同含水率情况下的黏聚力

干密度（g/cm³）	含水率 /%						
	9.6	15.2	16.2	16.8	19.2	20.8	24.3
1.50	39	35	32	35	18	13	7
1.55	48	42	30	15	22	17	12
1.60	44	30	28	20	17	13	10
1.65	77	52	34	29	24	19	14

表 4.6　不同干密度土样在不同含水率情况下的内摩擦角

干密度（g/cm³）	含水率 /%						
	9.6	15.2	16.2	16.8	19.2	20.8	24.3
1.50	30.0	21.0	17.0	21.0	12.5	10.0	5.5
1.55	27.0	23.0	18.0	14.0	11.0	11.5	5.0
1.60	32.5	24.0	23.5	22.0	20.5	13.5	7.5
1.65	28.0	21.5	19.0	19.0	18.3	15.5	9.0

为便于分析土样黏聚力和内摩擦角与含水率的关系，绘制黏聚力－含水率关系图与内摩擦角－含水率关系图，如图 4.9、4.10 所示。

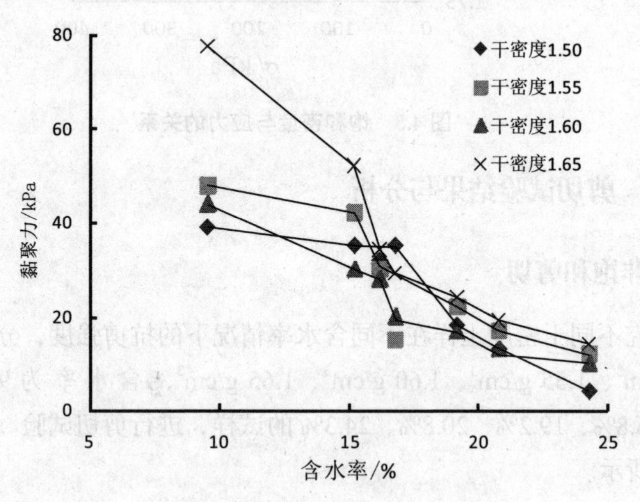

（注：干密度单位为 g/cm³）

图 4.9　土样的黏聚力与含水率的关系（非饱和）

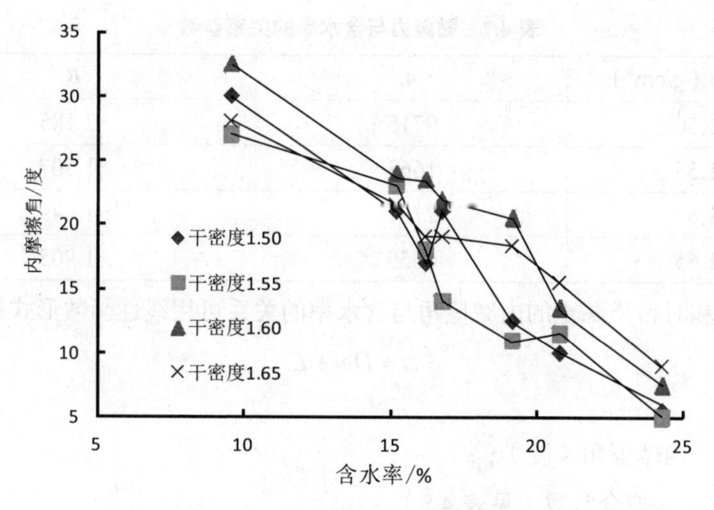

（注：干密度单位为 g/cm³）

图 4.10　土样的内摩擦角与含水率的关系（非饱和）

试验结果表明，非饱和粉质黏土的抗剪强度受含水量的影响较大，黏聚力和内摩擦角均随含水量的增大而减小。由图 4.9 和图 4.10 可知，粉质黏土的黏聚力和内摩擦角随含水率的增大而减小。随着土样含水率的增大，土颗粒表面的结合水膜厚度增加，水的黏滞性减弱，土中水的形式由主要为结合水转变为主要为自由水。同时，随着土样含水量趋于饱和，土中毛细水减少，吸力逐渐减小直至为零。因此黏聚力随含水率的增加而减小。

在相同含水率情况下，粉质黏土的黏聚力随干密度的增大而增大，且在低含水率时受干密度影响较大：随含水率的增大，干密度的影响逐渐减小；而在相同含水率情况下，粉质黏土的内摩擦角受干密度的影响较小，差值随含水率的增加无明显变化。

根据试验数据，非饱和时粉质黏土的黏聚力与含水率的关系可用乘幂函数形式拟合：

$$C = A\omega^{B} \tag{4-7}$$

式中：

C——黏聚力（kPa）；

A、B——常数（见表 4.7）；

ω——含水率（%）。

表 4.7　黏聚力与含水率的关系参数

干密度 / (g/cm^3)	A	B
1.50	9715	−2.185
1.55	1663	−1.507
1.60	2181	−1.649
1.65	6659	−1.905

非饱和时粉质黏土的内摩擦角与含水率的关系可用线性函数形式拟合：

$$\varphi = D\omega + E \tag{4-8}$$

式中：

φ——内摩擦角（度）；

D、E——拟合常数（见表 4.8）。

表 4.8　内摩擦角与含水率的关系参数

干密度 / (g/cm^3)	D	E
1.50	−1.72	46.8
1.55	−1.56	42.8
1.60	−1.69	49.9
1.65	−1.22	39.8

二、饱和剪切

为研究土样在不同浸泡时间情况下的抗剪强度，制备干密度为 1.65 g/cm^3 的土样进行浸泡（图 4.11），模拟水位上升后边坡最外一层土的饱和环境；浸泡时间分别为 1.5 h、6 h、24 h、48 h、72 h、96 h，进行剪切试验。试验结果如表 4.9 所示。

图 4.11　试样浸泡

表 4.9　饱和剪切试验结果

浸泡时间 /h	1.5	6	24	48	72	96
黏聚力 /kPa	18	14	13	12	11	7
内摩擦角 / 度	12	10	8	7.5	7.5	6.5

绘制黏聚力 - 浸泡时间关系曲线与内摩擦角 - 浸泡时间关系曲线，如图 4.12、4.13 所示。

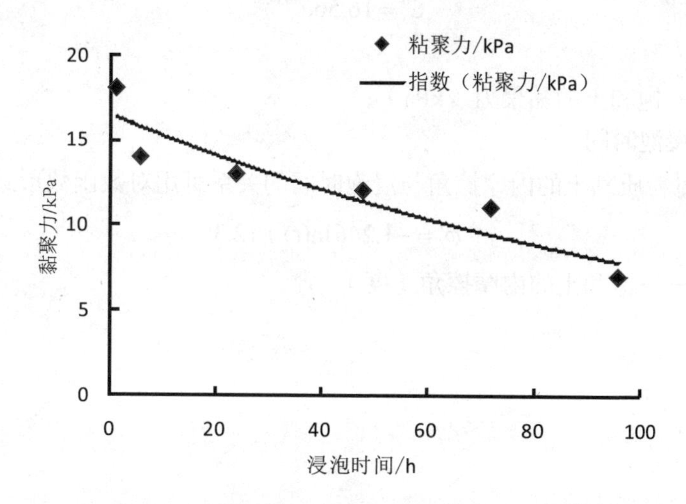

图 4.12　土样的粘聚力与浸泡时间的关系（饱和）

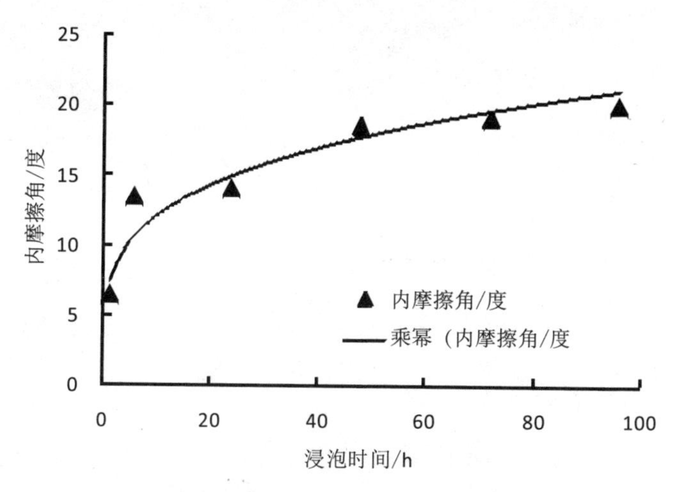

图 4.13　土样的内摩擦角与浸泡时间的关系（饱和）

由试验结果可知，饱和土样的黏聚力随浸泡时间增加而减小；在浸泡 6 个小时之内黏聚力减小较快，而后随浸泡时间的延长黏聚力减小的速率减缓。饱和土样的内摩擦角反而随浸泡时间增加而增大；在浸泡前 6 个小时内内摩擦角变化较快，而后随浸泡时间的延长内摩擦角变化的速率将减缓。

根据试验数据，饱和时粉质黏土的黏聚力与浸泡时间的关系可用指数函数形式拟合：

$$C' = 16.56e^{-0.008t} \tag{4-9}$$

式中：

C'——饱和土的黏聚力（kPa）；

t——浸泡时间。

饱和时粉质黏土的内摩擦角与浸泡时间的关系可用对数函数形式拟合：

$$\varphi' = -1.246\ln(t) + 12.3 \tag{4-10}$$

式中：φ'——饱和土的内摩擦角（度）。

第5章　不良地质与渗流耦合影响下河堤稳定的模拟及计算

河堤崩岸与水流、河堤土质条件、地下水的流动、河堤的形态等因素密切相关。河道的水流与河堤的物质组成本身就是一个错综复杂的系统，加深对这个系统的认识有助于对河堤稳定性的研究。河道水位降落所引起的渗流场变化对河堤稳定性具有重要影响。所以在对河堤的稳定性进行评价之前，必须先对河堤内渗流场的变化进行充分的了解，在此基础上，才能正确分析河堤的稳定状况，为其稳定性评价和工程治理提供坚实的基础。

而土体内部渗流场的变化，相应的应力场也会随着变化，它们之间这种互相影响、相互制约的耦合关系势必会对河堤的稳定有一定的影响。本章在第三章渗流场研究的基础上来分析渗流场、应力场相互作用的机制，以此建立两场耦合的数学模型，最后通过算例进行分析计算，验证该模型的合理性。

5.1　河堤渗流场模拟

5.1.1　渗流运动模型

一、土水势理论

土水势是衡量土中水能量的指标，是在土和水的平衡系统中，单位数量的水在恒温条件下，移动到参照状况的纯自由水体所能做的功。参照状况一般使用标准状态，即在大气压下，与土中的水具有相同温度的情况下（或某一特定温度下），以及在某一固定高度的假想纯自由水体。在饱和带中，土水势大于参照状态的水势；在非饱和带中，地下水受毛细作用和吸附力的限制，土水势低于参照状态的水势。

土水势由若干分势组成，包括重力势、压力势、基质势、溶质势、荷载势等。因此，土水势可写成以下表达式：

$$\psi=\psi_g+\psi_p+\psi_m+\psi_s+\psi_\Omega$$

式中：

ψ——土水势，即土中水的总势能；

ψ_g——重力势；

ψ_p——压力势；

ψ_m——基质势；

ψ_s——溶质势；

ψ_Ω——荷载势。

（一）重力势

重力势是由重力场对水的作用引起的，指相对于基准面的单位重量的水所具有的重力势能 ψ_g。具有长度单位，一般称为水头、重力水头、位置水头，它仅与计算点和参照基准面的相对位置有关，与岩性条件无关。例如：在基准面以上 Z 高度的重力势 $\psi_g=z$；反之，在基准面以下 Z 高度时，重力势 $\psi_g=-z$。

（二）压力势

压力势是由静水压力引起的，产生在潜水位以下的饱和土体中。压力势的大小可以用压力水头表示，即 $\psi_p=h$。压力势也被称为“淹没势”“水头势”或“水压势”。在自由水面以上的非饱和土体中，压力势为零。

（三）基质势

基质势是由固体颗粒基质与水之间相互作用引起的，可以理解为非饱和土的一种吸水能力，或者说是一种负压力势，参考状态以自由水为标准。固体颗粒基质对土中水分吸持的机理十分复杂，可概括为吸附作用和毛细管作用。单位数量的土中水分由非饱和土中的一点移至标准参考状态，除了固体颗粒基质作用外其他各项维持不变，则土中水所做的功即该点的基质势。为了反抗固体颗粒基质的吸持作用必须对土中水做功，以实现上述移动，因此所做的功实际是负值。由此可知非饱和土的基质势永远为负值，而饱和土基质势恒为零。

（四）溶质势

溶质势是土壤溶液中所有形式的溶质对土中水分综合作用的结果。由于参考状态是以不含有溶质的纯水作为标准的，当土中任一点的水分含有溶质时，该点水分便具有一定的溶质势。单位数量的土中水分从土中一点移动到标准参考状态时，其他各项维持不变，仅由于土壤溶液中溶质的作用而使土中水所做的功即该点的溶质势。土壤水溶液中的溶质对水分子有吸引力，实施上述移动时必须克服这种吸持作用对土中水做功，因此溶质势也为负值。

（五）荷载势

荷载势是由外加荷载或土的自重引起的。土体在外加荷载或自重作用下，土颗粒将发生移动，使孔隙水产生附加孔隙水压力，这种压力就是荷载势。它相当于欠固结饱和土体的自重压力，或者正常固结土在荷载作用下引起的超静孔隙水压力。

土水势的五个分势在实际问题中并不是同等重要的，溶质势和荷载势通常可以不考虑。在饱和土体中，地下水具有的总土水势包括重力势和压力势，为正值。若将总土水势以总水头表示，可写作：$h=z+h_c$。在非饱和土体中，当饱和度小于某一数值后，就不存在压力势和荷载势，此时总土水势由重力势和基质势组成。即 $\psi=z+\psi_m$。若将 ψ_m 以负压力水头 h_c（$h_c<0$）表示，则可写成 $h=z+h_c$ 相同形式。这样相当于将两者统一起来，对于分析饱和 - 非饱和流动十分方便有利。此时一般称基质势为负压势，或统称为压力水头。

二、流体的连续性方程

流体的运动被描述为达西定律，对于均质的，各向同性的固体和密度为常量的流体，这个定律可描述为 [47]

$$q_i = -k_i k'(s)[p - \rho_f x_j g] \qquad (5\text{-}1)$$

式中：q_i 为比流量矢量，p 为孔压，k 为介质的流动性系数张量，k' 为相对流动系数，它是饱和度 s 的函数，$k'(s)=s^2(3-2s)$，ρ_f 为流体密度，g 为重力矢量。

流体的连续性方程为

$$\frac{1}{M}\frac{\partial p}{\partial t} + \frac{n}{s}\frac{\partial s}{\partial t} = \frac{1}{s}\left(-\frac{\partial q_i}{\partial x_i} + q_v\right) - \alpha\frac{\partial \varepsilon}{\partial t} \qquad (5\text{-}2)$$

式中：M 为毕奥特（Biot）模量，p 为孔隙压力，n 为多孔介质的孔隙率，s 为饱和度，q_i 为比流量矢量，q_v 为体积流源强度，α 为 Biot 系数，ε 为体积应变。

三、定解条件

定解条件包括初始条件和边界条件。

（一）初始条件

通常指初始时刻或者从某一时刻起多孔介质孔隙压力的原始分布，即

$$p\big|_{t=0} = p_i \,,\quad h\big|_{t=0} = h_i \qquad (5\text{-}3)$$

式中是初始地层孔隙压力与初始流场。

（二）边界条件

渗流场边界常有两种类型：定压边界和定流量边界。

定压边界：

$$p\big|_{边界} = p_1 \tag{5-4}$$

定流量边界：

$$\frac{k}{u}(\nabla p - \rho_w g \nabla D)\vec{n}\big|_{边界} = q \tag{5-5}$$

其中 $\vec{n}$ 为边界的法向量，q 为流量。如果是封闭的不渗透边界，则有

$$\frac{k}{u}(\nabla p - \rho_w g \nabla D) = 0 \tag{5-6}$$

5.1.2 渗流问题的数值计算方法

数值计算方法是目前在渗流问题分析中应用最广泛的一类方法，主要包括有限差分法（FDM）、有限单元法（FEM）、有限体积法（FVM）等。目前国内外依据这几种数值方法开发出来很多软件，如 SEEP/W、ANSYS、ABAQUS 等。

有限差分法是将微分方程转变为差分方程，并采用逐步逼近的计算方法来求得渗流场中各点的水头。有限差分法的优点是算式简单，有成熟的理论基础，编制程序简单，计算量也少。目前市场上的软件有美国艾塔斯卡（ITASCA）公司开发 FLAC 的和美国地质调查局（USGS）开发的 Visual MODFLOW 等。

有限单元法是将一个连续的求解域任意分成适当形状的诸多微小单元，构造插值函数，然后根据极值原理变分或加权余量法，将问题的控制方程转化为所有单元上的有限元方程，把总体的极值作为各单元极值之和，并形成嵌入了指定边界条件的代数方程组，求解该方程组就得到各节点上待求的函数值。有限单元法的缺点是编制程序复杂，计算量大，优点是善于处理复杂区域和边值条件。

有限体积法是将计算区域划分为网格，并使每一个网格点周围有一个互不重复的控制体积，将待解的微分方程对每个控制体积积分，从而得到一组离散方程，其中的未知数加网格节点上的因变量，子域法加离散，就是有限体积法的基本方法。就离散方法而言，有限体积法可视作有限单元法和有限差分法的中间产物。

Visual MODFLOW 是采用有限差分原理用于地下水流动数值模拟的软件，采用层、行、列组合的格点去表征含水层的三维组合和各种特性。其在科研、城乡发展规划、环保、水资源利用等许多行业和部门得到了较为广泛的应用，成为最为普及的地下水运动数值模拟的计算机程序[48-50]。

5.1.3　有限差分法的理论基础

弹性力学中的差分法是建立有限差分方程的理论基础。有限差分网格如图 5.1 所示，即在弹性体上用相隔等间距 h 且平行于坐标轴的两组平行线划分成网格。设 $f=f(x, y)$ 为弹性体内某一个连续函数，它可能是某一个应力分量或位移分量，也可能是应力函数、温度、渗流等。这个函数，在平行于 x 轴的一根格线上，如在 3-0-1 上（图 5.1），它只随 x 坐标的变化而改变。在邻近结点 0 处，f 函数可以展开为泰勒级数：

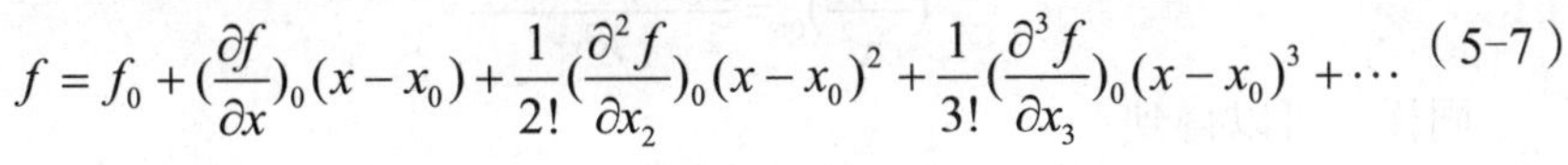

$$f = f_0 + (\frac{\partial f}{\partial x})_0 (x - x_0) + \frac{1}{2!}(\frac{\partial^2 f}{\partial x_2})_0 (x - x_0)^2 + \frac{1}{3!}(\frac{\partial^3 f}{\partial x_3})_0 (x - x_0)^3 + \cdots \quad (5\text{-}7)$$

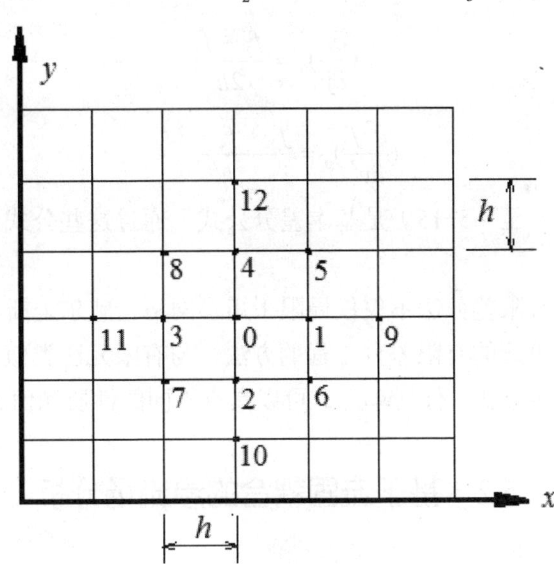

图 5.1　有限差分网格

在结点 3 及结点 1，x 坐标分别等于 x_0-h 及 x_0+h，即 $x-x_0$ 分别等于 $-h$ 和 h。将其代入式（5-7），得：

$$f_3 = f_0 - h(\frac{\partial f}{\partial x})_0 + \frac{h^2}{2}(\frac{\partial^2 f}{\partial x_2})_0 - \frac{h^3}{6}(\frac{\partial^3 f}{\partial x_3})_0 + \cdots \quad (5\text{-}8)$$

$$f_1 = f_0 + h(\frac{\partial f}{\partial x})_0 + \frac{h^2}{2}(\frac{\partial^2 f}{\partial x_2})_0 + \frac{h^3}{6}(\frac{\partial^3 f}{\partial x_3})_0 + \cdots \quad (5\text{-}9)$$

假定 h 是充分小的，因而可以不计它的三次幂及更高次幂的各项，则公式（5-8）、（5-9）简化为

$$f_3 = f_0 - h(\frac{\partial f}{\partial x})_0 + \frac{h^2}{2}(\frac{\partial^2 f}{\partial x_2})_0 \quad (5\text{-}10)$$

$$f_1 = f_0 + h(\frac{\partial f}{\partial x})_0 + \frac{h^2}{2}(\frac{\partial^2 f}{\partial x_2})_0 \quad (5\text{-}11)$$

求解（5-10）式及（5-11）式，得到差分公式：

$$(\frac{\partial f}{\partial x})_0 = \frac{f_1 - f_3}{2h} \quad (5\text{-}12)$$

$$(\frac{\partial^2 f}{\partial x^2})_0 = \frac{f_1 + f_3 - 2f_2}{h^2} \quad (5\text{-}13)$$

同样，可以得到：

$$(\frac{\partial f}{\partial y})_0 = \frac{f_2 - f_4}{2h} \quad (5\text{-}14)$$

$$(\frac{\partial^2 f}{\partial y^2})_0 = \frac{f_2 + f_4 - 2f_0}{h^2} \quad (5\text{-}15)$$

公式（5-12）至（5-15）是基本差分公式，通过这些公式可以推导出其他的差分公式。

应该指出，有限差分法不仅仅局限于矩形网格，威尔金斯（Wilkins）提出了推导任何形状单元的有限差分方程的方法。与有限元法类似，有限差分法单元边界可以是任何形状、任何单元，可以具有不同的性质和值的大小。

5.2 基于流固耦合的渗流场分析

河堤内的土体介质往往存在水头差，而这将引起土体内部渗流场的变化，而相应的应力场也会随着变化，它们之间这种互相影响、相互制约的关系被称为耦合，这种耦合关系势必会对河堤的稳定有一定的影响。

土层的渗流场、应力场相互作用，采用耦合模型才能更准确计算河堤的稳定性。

5.2.1　渗流与堤身土体的相互作用

一、河道水位变化与河堤渗流的关系

天然河道中的水位处于不断变化当中，这也导致河堤内渗流的变化，不同时期的变化特点也有很大的差异，主要有以下几种情况。

①枯水期。在一般情况下，枯水期顺直河道的水流距岸边有一定的距离，相应的水位比较低，河堤土体处于非饱和状态，且孔隙水压力较小。此时，河堤土体基本上不存在水流浸泡问题，渗透力的作用也非常小。

②洪水涨水期。洪水期，河道水位从低水位逐渐进入或者急涨到洪水期的高水位，此时河岸临水一侧将受到水压力的作用，对岸滩的稳定性有一定的积极作用。在水压力的作用下，河岸出现渗流现象，内部土体受到渗透力的作用。

③洪水浸泡期：在较长时间的洪水期内，河道水位相对较高，水流一般处于靠岸状态。此时，岸滩全部或部分浸泡于水中，河堤内部不存在超静水压力，但土体将会受到岸滩水流的浮力作用，使土体的有效重量减小。另外，由于岸滩土体长期处于饱和状态，土体的物理性质也将发生一定的变化，特别是土体受浸泡后，土体的剪切力（内摩擦角和内聚力）将大幅度减小，河堤稳定性减弱。

④洪水降落期：洪水过后，水位从高处或坡顶突然降至低处（或坡脚），河堤表面的水压力不存在，但土体内的浮托力来不及全部消失，转化为土体的有效重量增加，同时土体内的水流开始向河内渗出，河岸河堤受渗透力的作用，使河堤的稳定性减弱。

二、河道水位变化时的岸坡土体性质

河道水位的变化导致岸坡内水流的渗透流动，对坡体产生动水压力，在这种作用力下，水流会带走岸坡内断层破碎带或其他结构面中的细小颗粒，而且水的软化作用也使得土体的强度降低，经过长时间的渗流作用，土体的性质如渗透系数、孔隙率等都会随着变化，这种影响也是相互的，当土体的性质发生改变时，渗流场引起的渗流力将导致岸坡内应力场的变化。

土体有效应力是直接影响其抗剪强度的，抗剪强度 τ 由黏聚力 c 和内摩擦角 φ 组成，其关系式为

$$\tau=c+\sigma'\tan\varphi=c+(\sigma-p)\tan\varphi$$

式中：σ' 为土体有效应力，σ 为总应力，p 为孔隙水压力。由此式可知，孔隙水压力的增加降低了土粒间的抗剪强度；当 $p=\sigma$ 时，即失去摩阻力，对于无黏性土来说就处于浮动状态。所以，在洪水期由于孔隙水压力的增大，往往造成土体的大滑坡崩塌破坏。

5.2.2 渗流场、应力场相互作用的机制

一、Biot 固结理论

土的固结是土力学学科中最根本的课题之一，它本质上就是渗流场和应力场耦合的表现。土的固结理论最早由太沙基（Terzaghi）提出，但它只有在一维的情况下才是精确的。比奥特（Biot）在 1941 年将太沙基的工作推广到真正意义上的三维情形上，建立了比较完善的三维固结理论，从而奠定了孔隙介质与流体耦合作用理论研究基础，一般称之为 Biot 理论。该理论假设：

①土体是均质、完全饱和的理想弹性材料；

②土颗粒和孔隙水均不可压缩；

③孔隙水渗流服从达西定律，渗透系数为常数。

Biot 理论将水流连续条件与弹性理论相结合，解得土体受力后的水平方向和垂直方向上的应力、应变、孔隙水压力的变化，土层由于各种外部或内部变化（如抽水、加载、开挖），会产生土体内水流变化与骨架变形，Biot 固结理论对于这种情况能够提供较为严密的数学解答。

二、有效应力原理

土体中的孔隙是互相连通的，因此，饱和土体孔隙中的水是连续的，它与通常的静水一样，能够承担或传递压力。把饱和土体中由孔隙水来承担或传递的应力定义为孔隙水应力，常以 u 表示。土体中除了孔隙水应力外，还有通过粒间的接触面传递的应力，称为有效应力。显然，只有有效应力才能使土体产生压缩（或固结）强度。为了简化，在实用上，常把研究平面内所有粒间接触面上接触力的法向分力总和除以所研究平面的总面积（包括粒间接触面积和孔隙所占面积）所得到的平均应力来定义有效应力。即使有了上述简化，直接计算或实测有效应力仍是困难的。为此，由太沙基首先提出了著名的有效应力原理：

$$\sigma = \sigma' + u \qquad (5\text{-}16)$$

该有效应力公式虽然形式上反映的是孔隙压力、总应力与有效应力之间的一个简单关系，但其重要意义在于将复杂的孔隙介质的变形问题转化为有效应力作用下的无孔隙等效变形体的研究，实质上是给出了一种建立孔隙介质变形本构方程的方法。

上面提出了有效应力在饱和土体中的表达，但在岩土工程中经常遇到的是

非饱和土，即孔隙中不仅含有水，也包含部分空气，一般整个土体被视为三相体（固相、液相、气相）。关于部分饱和土体在外力 σ 作用下的有效应力 σ'、孔隙水应力 u_w 和孔隙气应力 u_a 之间的关系，应为

$$\sigma = \sigma' + \chi u_w I + (1-\chi) u_a I \tag{5-17}$$

式中，χ 为试验系数。当土体完全饱和时，χ=1；其他情况，0<χ<1，并且与土体的饱和度有关。为了简便起见，假定 χ 等于土体的饱和度。在土力学中，土体内部很少出现拉应力的现象，所以将压应力设为正值，拉应力设为负值。其中，孔隙中气体的应力在整个土体中被看作连续不变的，并且值的大小可以忽略不计，则在非饱和土体中，有效应力原理的表达式变为

$$\sigma' = \sigma + \chi u_w I \tag{5-17}$$

三、渗流场对应力场的影响

应力场和渗流场是岩土工程力学环境中的最重要组成部分之一，二者之间是相互联系、相互作用的。多孔岩土介质中在存在水头差的情况下，会引起其中水体的渗流运动，水体在渗流运动过程中，产生渗流的动水力，它以渗流体积力的形式作用于岩土介质，渗透体积力的大小与渗流场的分布情况关系密切，在其他条件不变的情况下，渗流场的分布和渗透体积力的分布一一对应，渗透体积力作为外部载荷的渗透力的作用，会使岩土介质应力场发生变化。

目前水荷载的计算方法大多忽略了渗流场的影响，而以静水压力和扬压力的形式表示水荷载。实际上，在任何透水介质中，水荷载应以渗透体积力和渗透压力表示，一定的渗流场分布对应一定的水荷载分布，而渗流场分布的变化也将引起水荷载分布的变化。所以，渗流场对应力场的影响是通过改变坡体水荷载而引起坡体内应力场变化的。

四、应力场对渗流场的影响

应力场对渗流场的影响主要是通过土体渗透系数来反映的。应力场、位移场的改变使得岩土介质的孔隙比、孔隙率发生变化，同时由于多孔介质的渗透系数与其孔隙的分布情况关系很大，孔隙比、孔隙率的变化必然引起土体介质渗透系数的改变，进而影响其渗流场。

设某单元初始的孔隙率为 n_0；在应力场作用下的体积应变为 $\varepsilon_v = \Delta v/v$（压应变为负），$v$ 为土体总体积，Δv 为孔隙体积的变化量。由于在计算的过程中不考虑土颗粒的压缩和水体密度的变化，可以认为此体积应变，全部由孔隙体积变化引起，所以受力作用后单元的孔隙率 n 为

$$n = 1 - \frac{1 - n_0}{1 + \varepsilon_v} \tag{5-18}$$

$$n = n_0 + \varepsilon_v \tag{5-19}$$

$$n = n_0 e^{-\alpha(\sigma - p)} \tag{5-20}$$

由于体积应变 ε_v 是由应力场 σ_{ij} 决定的，所以土体的渗透率最终可以表示为应力场的函数，即 $k = k(\sigma_{ij})$。由上面的分析可以看出，应力场通过土体的体积应变和孔隙率来影响土体的渗透率，从而最终影响渗流场，这就是应力场对渗流场的影响机理。

从以上分析可以看出，岩土介质的应力场和渗流场是相互影响、相互联系的，是一个系统的整体，岩土介质的应力场和渗流场的相互影响体现了两场之间的耦合关系，这种关系是时刻都发生着的。实际上，只要有水存在的地方，应力场和渗流场就会相互影响、相互作用，处于一种复杂的动态变化过程中，构成流固耦合关系。它们之间耦合的原理如图 5.2 所示。

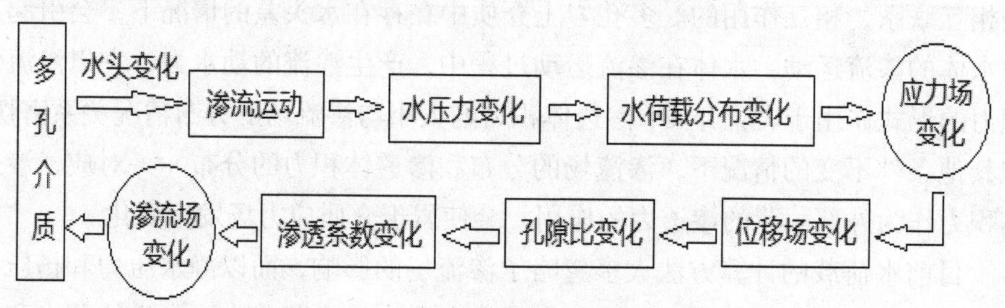

图 5.2　渗流场 - 应力场耦合示意图

5.2.3　应力影响下粉质黏土层的渗透系数计算

作为常用的坝体建造材料，粉质黏土的渗透性随其物理力学状态而变。国内外众多学者对粉质黏土与其干密度 [51]、颗粒级配 [52-53]、应力状态 [54-55]、孔隙比 [56-57] 的关系进行了研究。西田（Nishida）等人通过大量试验，得出了渗透系数 k 与孔隙比 e 的关系式，认为 $\lg k$ 与 e 呈直线关系，李作勤等人 [58] 的试验结果也证明了这一点。孙德安与顾正维等人 [59-60] 通过试验分析了渗透系数随孔隙比 e 和应力 σ 的变化。刘建军等人 [61] 提出土体的渗透率与应力的关系是进行渗流 - 应力耦合分析的关键，并通过试验数据分析得出渗透系数与有效应力的关系曲线。黏性土的渗透系数除了可采用试验方法直接测定 [62] 之外，有的学者还利用其他试验指标构建模型间接推算而得 [63]，如太沙基一维固结模型、科泽尼（Kozeny）和卡曼（Carman）的水力半径模型、桂春雷等人 [64] 的不确定性分析耦合模型等。

现有的粉质黏土的渗透系数计算式与模型主要以孔隙比为指标，模型参数不易获取，使得应用受到限制，且取样过程的应力释放，会造成测得的孔隙比与天然应力状态下的值有所差异，从而影响计算结果的准确性。同时，在长时间的固结作用下，不同深度的土层所受应力变化引起土体的渗透系数随深度而变。在土层较厚的情况下如何获得土层的等效渗透系数与代表性试样，是个亟待解决的问题。

本节以经应力释放后的土样的干密度 ρ 和原位置土所受的有效应力 σ 为指标，分析有效应力 σ 与孔隙比的关系，进而定量分析饱和粉质黏土、渗透系数与干密度和应力的关系，提出渗透系数的计算式与参数的求解方法及粉质黏土层的等效渗透系数计算式，为进行渗流－应力耦合分析和科学取样提供方法。

以水平状粉质黏土层上覆薄层松散土层的双层土层结构为例。上覆土层厚度为 H_1，饱和密度为 ρ_1；假设粉质黏土层初始为均质土层，饱和密度为 ρ^*，干密度为 ρ，经长时间受力固结稳定后，厚度为 M；将黏土层均匀分为 n 层，各层的厚度为 M_i，渗透系数为 k_i，如图 5.3 所示。假设土层水位埋深为 0，松散土层上部无荷载。

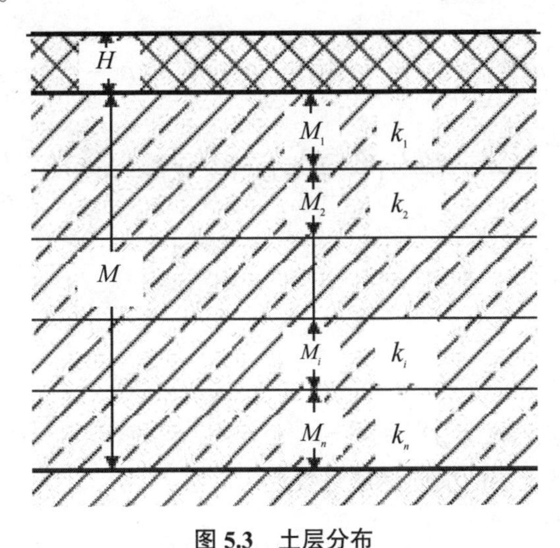

图 5.3　土层分布

第 i 层粉质黏土层所受纵向有效应力 σ_{iz} 为

$$\begin{aligned}\sigma_{iz} &= \rho_1 g H_1 + \sum_1^i \rho_i g \frac{M}{n} - \rho_w g(H_1 + \frac{i}{n}M) \\ &= (\rho_1 - \rho_w) g H_1 + \sum_1^i (\rho_i - \rho_w) g \frac{M}{n}\end{aligned} \tag{5-21}$$

式中：

ρ_i——第 i 层粉质黏土的饱和密度；

ρ_w——水的密度。

根据本章前文分析，在有效应力为 400 kPa 以内时（常见土埋深 30 ～ 50 m），粉质黏土的饱和密度随应力增大的增幅较小（9% 以内），为简化计算，忽略粉质黏土的饱和密度的变化，即

$$\rho_i=\rho^*$$

式（5-21）变为

$$\sigma_{iz}=(\rho_1-\rho_w)gH_1+(\rho^*-\rho_w)g\frac{i}{n}M \tag{5-22}$$

同理，第 i 层粉质黏土层所受横向有效应力 σ_{ix} 为

$$\sigma_{ix}=K_0\,[(\rho_1-\rho_w)gH_1+(\rho^*-\rho_w)g\frac{i}{n}M] \tag{5-23}$$

其中，K_0 为土的静止压力系数。

若 k_i 与应力的关系满足式（4-3）的形式，则第 i 层粉质黏土层的纵向渗透系数为

$$k_{iz}=ae^{b\rho}\left(\frac{\sigma_{iz}}{\sigma_0}\right)^c=\frac{ae^{b\rho}}{{\sigma_0}^c}[(\rho_1-\rho_w)gH_1+(\rho^*-\rho_w)g\frac{i}{n}M]^c$$

$$=\frac{ae^{b\rho}g^c(\rho^*-\rho_w)^c}{{\sigma_0}^c}(\frac{\rho_1-\rho_w}{\rho^*-\rho_w}H_1+\frac{i}{n}M)^c=A(BH_1+\frac{i}{n}M)^c \tag{5-24}$$

式中：

$A=ae^{b\rho}g^c(\rho^*-\rho_w)^c/{\sigma_0}^c$；

$B=\rho_1^{'}/\rho^{*'}$。

其中，$\rho_1^{'}=\rho_1-\rho_w$，$\rho^{*'}=\rho^*-\rho_w$

第 i 层粉质黏土层的横向渗透系数为

$$k_{ix}=AK_0^c(BH_1+\frac{i}{n}M)^c \tag{5-25}$$

①当地下水垂直入渗粉质黏土层，$n\Rightarrow\infty$ 时，粉质黏土层的纵向等效渗透系数为

$$k_1=\frac{M}{\sum\limits_{i=1}^{n}\frac{M_i}{k_{iz}}}$$

则

$$k_1=\frac{M}{\sum_{i=1}^{n}\frac{M}{n}\frac{1}{A(BH_1+\frac{i}{n}M)^c}}=\frac{A}{\sum_{i=1}^{n}\frac{1}{(BH_1+\frac{i}{n}M)^c}\frac{1}{n}}=\frac{A}{\int_0^1(BH_1+Mx)^{-c}dx}$$

$$=\frac{AM(1-c)}{(BH_1+M)^{1-c}-(BH_1)^{1-c}}=\frac{ae^{b\rho}\rho^{*'c}g^cM(1-c)}{\sigma_0{}^c[(\frac{\rho_1'}{\rho^{*'}}H_1+M)^{1-c}-(\frac{\rho_1'}{\rho^{*'}}H_1)^{1-c}]} \tag{5-26}$$

a. 若黏土层上覆多层土层，各土层的饱和密度和土层厚度分别为 ρ_i、H_i，则粉质黏土层的纵向等效渗透系数为

$$k_1^*=\frac{ae^{b\rho}g^c\rho^{*'c}M(1-c)/\sigma_0{}^c}{[(\sum_{i=1}^{n}\frac{\rho_i'}{\rho^{*'}}H_i+M)^{1-c}-(\sum_{i=1}^{n}\frac{\rho_i'}{\rho^{*'}}H_i)^{1-c}]} \tag{5-27}$$

其中，$\rho_i'=\rho_i-\rho_w$。

此时

$$k_{iz}'=\frac{ae^{b\rho}\rho^{*'c}g^c}{\sigma_0{}^c}(\sum_{i=1}^{n}\frac{\rho_i'}{\rho^{*'}}H_i+\frac{i}{n}M)^c \tag{5-28}$$

令 $k_{iz}'=k_1^*$，可得

$$\frac{i}{n}=[\frac{(1-c)M^{1-c}}{(\sum_{i=1}^{n}\frac{\rho_i'}{\rho^{*'}}H_i+M)^{1-c}-(\sum_{i=1}^{n}\frac{\rho_i'}{\rho^{*'}}H_i)^{1-c}}]^{\frac{1}{c}}-\sum_{i=1}^{n}\frac{\rho_i'}{\rho^{*'}}\frac{H_i}{M} \tag{5-29}$$

即在粉质黏土层厚度的 i/n 倍埋深处取土样所获得的纵向渗透系数等于粉质黏土层的纵向等效渗透系数。

b. 若粉质黏土为表层土时，即 H_i=0，则由式（5-27）可得粉质黏土层的纵向等效渗透系数为

$$k_1^{*'}=ae^{b\rho}[\frac{(\rho^*-\rho_w)gM}{\sigma_0}]^c(1-c) \tag{5-30}$$

即粉质黏土层的纵向等效渗透系数为该粉质黏土层最深处土的渗透系数值的（1-c）倍。

由式（5.29）可得，当 H_i=0 时

$$\frac{i}{n} = (1-c)^{\frac{1}{c}} \tag{5-31}$$

即在粉质黏土层厚度的 $(1-c)^{1/c}$ 倍埋深处取土样所获得的纵向垂向渗透系数更具有代表性。

②当地下水在粉质黏土层中水平渗流，$n \Rightarrow \infty$ 时，粉质黏土层的横向等效渗透系数为 [65]

$$k_2 = \frac{\sum_{i=1}^{n} k_{ix} M_i}{M}$$

则

$$k_2 = \frac{\sum_{i=1}^{n} AK_0^c \left(BH_1 + \frac{i}{n}M\right)^c \frac{M}{n}}{M} = AK_0^c \sum_{i=1}^{n} \left(BH_1 + \frac{i}{n}M\right)^c \frac{1}{n}$$

$$= AK_0^c \int_0^1 (BH_1 + Mx)^c dx = \frac{AK_0^c}{M(c+1)}[(BH_1 + M)^{c+1} - (BH_1)^{c+1}]$$

$$= \frac{ae^{b\rho} \rho^{*'c} g^c K_0^c}{\sigma_0{}^c M(c+1)}[(\frac{\rho_1'}{\rho^{*'}} H_1 + M)^{c+1} - (\frac{\rho_1'}{\rho^{*'}} H_1)^{c+1}] \tag{5-32}$$

a. 若黏土层上覆多层土层，各层土层厚度和饱和密度分别为 H_i 和 ρ_i，则粉质黏土层的横向等效渗透系数为

$$k_2^* = \frac{ae^{b\rho} (\rho^* - \rho_w)^c g^c K_0^c}{\sigma_0{}^c M(c+1)} \left\{ [(\sum_{i=1}^{n} \frac{\rho_i'}{\rho^{*'}} H_i + M)^{c+1} - \sum_{i=1}^{n} \frac{\rho_i'}{\rho^{*'}} H_i]^{c+1} \right\} \tag{5-33}$$

此时

$$k_{ix}' = \frac{ae^{b\rho} \rho^{*'c} g^c}{\sigma_0{}^c} K_0^c (\sum_{i=1}^{n} \frac{\rho_i'}{\rho^{*'}} H_i + \frac{i}{n} M)^c$$

令 $k_{ix}' = k_2^*$

可得

$$\frac{i}{n} = [\frac{(\sum_{i=1}^{n} \frac{\rho_i'}{\rho^{*'}} H_i + M)^{c+1} - (\sum_{i=1}^{n} \frac{\rho_i'}{\rho^{*'}} H_i)^{c+1}}{(c+1)M^{c+1}}]^{\frac{1}{c}} - \sum_{i=1}^{n} \frac{\rho_i'}{\rho^{*'}} \frac{H_i}{M} \tag{5-34}$$

即在粉质黏土层厚度的 i/n 倍埋深处取土样所获得的横向渗透系数等于粉质黏土层的横向等效渗透系数。

b. 同理，若 H_i 为 0，也就是粉质黏土为表层土时，由式（5-33）可得粉质黏土层的横向等效渗透系数为

$$k_2^{*'} = \frac{AK_0^c M^c}{|c+1|} = \frac{ae^{b\rho}[K_0(\rho^{*} - \rho_w)gM]^c}{\sigma_0^{\,c} |c+1|} \tag{5-35}$$

即此时粉质黏土层的横向等效渗透系数为该粉质黏土层最深处土的横向渗透系数值的 $|c+1|^{-1}$ 倍。

5.2.4　基于流固耦合的渗流方程

Visual MODFLOW 是一个三维有限差分地下水流动模型，在多孔介质中，地下水在三维空间的流动可以基于下面的微分方程：

$$\frac{\partial}{\partial x}(k_x \frac{\partial h}{\partial x}) + \frac{\partial}{\partial y}(k_y \frac{\partial h}{\partial y}) + \frac{\partial}{\partial z}(k_z \frac{\partial h}{\partial z}) - W = S_s \frac{\partial h}{\partial t} \tag{5-36}$$

式中：

S——给水率；

k_x、k_y、k_z——含水层 x、y、z 方向上的渗透系数；

h——水头；

W——单位体积流量，代表流进或流出的水量；

t——时间。

再加上相应的边界和初始条件，就构成了对于一个实际研究区地下水流动的定解问题。

根据第 4 章式（4-3）有 $k_z = ae^{b\rho}\left(\sigma / \sigma_0\right)^c$。对于同一含水层，在厚度较小的情况下干密度随深度变化且变化较小，在忽略干密度变化的条件下，有

$$k_z = ae^{b\rho}(\sigma / \sigma_0)^c = E\sigma^c \tag{5-37}$$

式中：$E = ae^{b\rho}$。

则

$$k_x = k_y = \frac{K_0^F}{G} k_z = \frac{K_0^F}{G} E\sigma^c = P\sigma^c \tag{5-38}$$

式中：$P = \frac{K_0^F}{G} ae^{b\rho}$；$K_0$ 为土的静止侧向压力系数；F、G 为试验所得参数。

把式（5-37）和式（5-38）带入式（5-36），有

$$P\frac{\partial}{\partial x}(\sigma^{c}\frac{\partial h}{\partial x})+P\frac{\partial}{\partial y}(\sigma^{c}\frac{\partial h}{\partial y})+E\frac{\partial}{\partial z}(\sigma^{c}\frac{\partial h}{\partial z})-W=S_{s}\frac{\partial h}{\partial t} \quad (5\text{-}39)$$

其中，σ随 h 而变，$\sigma=\sigma(h)$。

则式（5.39）为考虑土层渗透系数及层厚度随水位变化的水流方程。

5.2.5 渗流－应力耦合方程的数值求解

渗流－应力耦合方程的数值求解难度较大，目前，在大型商业数值计算软件中有两种主流解法，即间接耦合（或称序贯耦合）和直接耦合。

一、间接耦合

间接耦合求解思想是将渗流变形场分解为独立的应力场和渗流场，即首先进行独立渗流计算，根据渗流初边值条件及渗流方程求解得到孔隙水压力分布规律，根据孔隙水压力换算得到渗透力的分布，再将其作为外荷载施加于单相固体介质上，从而得到位移场和应力场。

间接耦合涉及渗流方程的单独求解，而渗流方程一侧包含体积变形相关项，因此单独求解渗流方程还需要对方程中的位移相关项进行相应简化，将体积变形项等效为 $S_{s}\frac{\partial h}{\partial t}$，其中，$S_{s}$ 为单位贮水量（试验可测得），再将水头 h 换算为孔隙水压力，从而实现求解。间接耦合法思路明确，即将渗流场和应力场分开计算，两场求解刚度矩阵对称，占用存储空间较小，计算效率高。

二、直接耦合

直接耦合法从几何方程、本构方程、平衡微分方程、渗流连续性方程基本方程出发，将位移表示的平衡微分方程与渗流水压力表示的渗流方程联立，得到以位移和孔隙水压力为待求量的基本方程组。将两场直接耦合进行求解，与有限元法进行结合，得到以结点位移和结点孔隙水压力为待求量的耦合有限元方程组。而求解该方程组只需按时间过程连续求解，但直接求解方程总刚度矩阵非对称、近奇异，所需存储空间大，需要高效的求解器进行求解，在实际操作中难以得到解析解。

式（5-39）难以直接求得解析解，可采用间接耦合方式进行计算：首先采用式（5-36）计算第一时间步长内水位波动后的渗流场，把计算所得渗流场代入河堤稳定性分析，计算土层的应力变化，再带入式（5-39）进行下一时间步长的渗流场计算，重复上面的步骤直至计算完成，则可得到最终的渗流场分布和应力场分布，最后进行河堤稳定性计算。

5.3 河堤稳定性分析方法

有关河堤稳定性分析的理论研究工作，从早期的瑞典条分法到适用的圆弧滑裂面的毕肖普简化法，再到适用于任何形状、全面满足静力平衡条件的摩根斯坦－普赖斯法，其理论体系逐渐趋于严密。近代计算机技术的发展使得自动搜索临界滑裂面成为可能。

关于稳定性的评价分析方法，可被归纳为传统方法、有限元方法及各种非确定性模糊随机分析方法。

5.3.1 传统方法

传统方法包括极限平衡条分法、滑移线法、极限分析法等。

一、极限平衡条分法

极限平衡条分法是河堤稳定性分析中发展最早，也是当前工程应用比较多的一种方法。到目前为止，在众多河堤稳定性分析的传统方法中，极限平衡条分法是认可度比较高，工程中应用最为广泛的一种稳定性分析方法。其基于平面应变假定，将土体视为刚性体，假设滑动面为圆弧状、抛物线状或者指定形态滑动面等，且滑动面上各点同时达到极限状态，安全系数定义为滑动面上抗滑力矩和滑动力矩之比。在安全系数的计算求解过程中涉及如下未知数：底部法向反力；条间法向和切向作用力；底部合力及其作用点；抗滑稳定安全系数。

显然，上述问题是一个超静定问题，其求解可通过增设一系列不同假定简化未知量，将超静定问题转化为相应的静定问题，然后通过求解静定方程得到安全系数，这种简化以牺牲一定准确度的代价降低了计算的工作量，并且得到能够满足实际工程要求的计算结果。

极限平衡条分法细分领域众多，各种方法的主要区别在于对超静定问题的简化处理方式，即相邻土条间作用力的简化方式不同，瑞典圆弧条分法、简化毕肖普法、斯宾塞（Spencer）法、杨布（Janbu）条分法、摩根斯顿法、不平衡推力法等均属于比较经典的极限平衡条分法。这些方法的区别在于各分条之间受力的方向及作用位置的假定不同，在求解安全系数过程中，采用的静力平衡方程式也不相同，各有优缺点。条分法对非均质河堤、河堤外形复杂、河堤部分在水下时均适用[66]。由于极限平衡条分法的研究历史久，并在长期的工程实际应用中积累了大量的经验，因此，其在工程中应用的可靠性较高。

下面以瑞典圆弧条分法为例，解释极限平衡条分法的基本原理。

图 5.4 为河堤土坡，取单位长度土坡按平面问题计算。设可能的滑动面是一圆弧 AD，圆心为 O，半径为 R。将滑动土体 $ABCDA$ 分成许多竖向土条，土条的宽度一般为 $b = 0.1R$，任一土条 i 上的作用力包括：

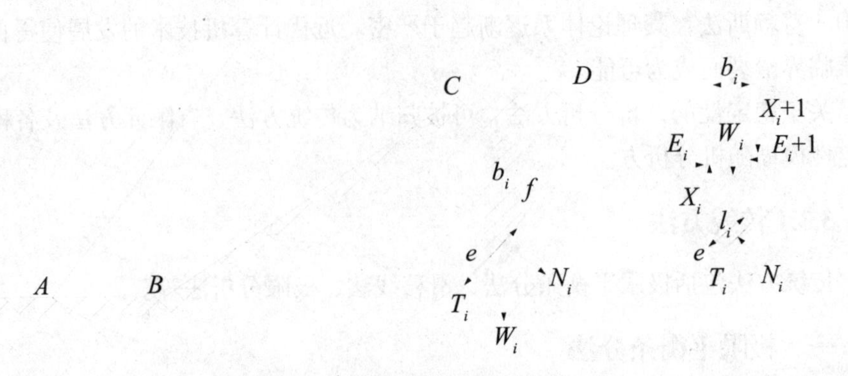

图 5.4　用瑞典圆弧条分法计算土坡稳定

土条的重力 W_i，其大小、作用点位置及方向均为已知。滑动面 ef 上的法向力 N_i 及切向反力 T_i，假定 N_i 和 T_i 作用在滑动面 ef 的中点，它们的大小均未知。

土条两侧的法向力 E_i、E_{i+1} 及竖向剪切力 X_i、X_{i+1}，其中 E_i 和 X_i 可由前一个土条的平衡条件求得，而 E_{i+1} 及 X_{i+1} 的大小未知，E_{i+1} 的作用点位置也未知。

由此可以得到，作用在土条 i 上的作用力有 5 个未知数，但只能建立 3 个平衡方程，故为静不定问题。为了求得 N_i、T_i 的值，必须对土条两侧的作用力大小和位置做适当的假定，费伦纽斯条分法是在不考虑土条两侧的作用力，即假设 E_i 和 X_i 的合力等于 E_{i+1} 和 X_{i+1} 的合力，同时它们的作用线也重合，因此土条两侧的作用力相互抵消。这时土条 i 仅有作用力 W_i、N_i 及 T_i，根据平衡条件有：

$$N_i = W_i \cos\alpha$$

$$T_i = W_i \sin\alpha$$

滑动面 ef 上土的抗剪强度为

$$\tau_{fi} = \sigma_i \tan\varphi + c_i = \frac{1}{l_i}(N_i \tan\varphi_i + c_i l_i) = \frac{1}{l_i}(W_i \cos\alpha_i \tan\varphi_i + c_i l_i) \quad (5\text{-}40)$$

式中：

α_i——土条 i 滑动面的法线与竖直线的夹角；

l_i——土条 i 滑动面 ef 的弧长；

c_i、φ_i——滑动面上的黏聚力及内摩擦角。

土条 i 上的作用力对圆心 O 产生的滑动力矩 M_s 及稳定力矩 M_r 分别为

$$M_s = T_i R = W_i R \sin\alpha_i$$

$$M_r = \tau_{fi} l_i R = (W_i \cos\alpha_i \tan\varphi_i + c_i l_i) R$$

整个土坡与滑动面为 AD 时的稳定安全因数为

$$K = \frac{M_r}{M_s} = \frac{R\sum_{i=1}^{i=n}(W_i \cos\alpha_i \tan\varphi_i + c_i l_i)}{R\sum_{i=1}^{i=n} W_i \sin\alpha_i} \tag{5-41}$$

对于均质土坡，$c_i = c$，$\varphi_i = \varphi$，则有：

$$K = \frac{M_r}{M_s} = \frac{\tan\varphi \sum_{i=1}^{i=n} W_i \cos\alpha_i + c_i l_i}{\sum_{i=1}^{i=n} W_i \sin\alpha_i} \tag{5-42}$$

对于某一个假定滑动面求得的稳定安全因数，需要试算许多个可能的滑动面，相应于最小安全因数的滑动面即最危险的滑动面。

二、滑移线法

滑移线法是基于传统极限平衡理论进行河堤稳定分析的一个重要方法。它通过力平衡方程、屈服准则及边界条件求解抗滑稳定安全系数。严格意义上的滑移线法，其求解还需要满足变形速率、边界条件以及塑性区塑性功非负的条件。这两点在实际应用同样难得到满足，而且传统滑移线方程的求解需要通过差分法求得数值解，无法直接得到出理论解。差分法求解通常需要编制特定的求解程序。因此，滑移线法应用范围较小，往往只在科研问题中有所应用。

三、极限分析法

极限分析法基于塑性力学上下限理论。与条分法类似，其同样将滑坡体分成若干土条，并将其看作理想塑性体，服从流动法则。假设滑动面为对数螺旋线或直线并建立协调位移场，通过虚位移原理求解安全系数。基于下限定理的极限分析，下限法则通过建立满足条件的静力许可应力场，再通过应力不连续法等来求解下限解。下线解偏于安全，实用性较好，但不容易获得。近年来计算机技术发展迅速，有限元思想在极限分析法中已有众多应用，给上下限理论带来了新的发展，反映了上下限理论在解决河堤边坡稳定性分析问题中的一种发展方向。

5.3.2 有限元法

传统的极限平衡法由于其简便实用的特点在工程实际中被广泛应用。但该方法引入了多种理想化条件，如将土体视作刚体，不考虑土体的应力应变特性等。因此，采用诸如条分法等极限平衡方法计算出来的内力并不能反映土体实际工况下的真实应力，而为了使计算更符合实际情况，有必要考虑土体的本构关系。自 20 世纪 70 年代以来，随着计算机硬件技术的不断发展，有限元技术快速发展，并逐渐成为河堤稳定性分析的一种重要手段。有限元法分析精度高，不需要人为假设，并且适用各种复杂的边界条件和材料特征，与传统方法相比，有限元方法具有的突出优势如下。

第一，具有严密的理论基础。其计算结果能够反映真实的应力状态，能够针对复杂地质地貌条件，方便进行有限元建模、计算并进行相应稳定性分析。

第二，可考虑复杂边界条件因素。例如，非饱和非稳定渗流条件（降雨入渗、水位升降）等耦合条件等对河堤边坡稳定性的影响。

第三，可以方便地进行考虑应力历史及应力路径影响的施工过程的河堤的有限元应力应变计算，并研究相关因素对河堤边坡稳定性的影响。

第四，可以及时与土力学最新理论研究成果（如非饱和主理论、本构模型）及先进数值方法进行结合。

河堤稳定性分析的有限元法可分为两种，有限元强度折减法和有限元极限平衡法。

一、有限元强度折减法

有限元强度折减法首先由英国学者齐恩斯维奇（Zienkiewics）在 1975 年提出。其原理可概括为通过改变材料强度参数使结构物达到极限平衡状态，从而得到工程结构的极限荷载和安全系数。在强度折减思想提出后的二十多年间，由于受计算机硬件发展水平的限制，缺乏可靠的有限元计算商业软件，导致安全系数计算烦琐、精度不足，因而难以在工程中得到推广。直到 20 世纪末，计算机硬件技术快速发展，部分学者采用有限元强度折减法对一些典型河堤边坡算例进行稳定性分析，并得到了与传统方法相一致的结果。由此，有限元强度折减法得到了迅速的发展和应用。

有限元强度折减法将达到极限破坏状态发生失稳破坏时所采用的强度折减系数称作边坡的强度储备安全系数，强度储备安全系数可表示为

$$\tau = \frac{c + \sigma \tan \varphi}{F_s} = \frac{c}{F_s} + \sigma \frac{\tan \varphi}{F_s} = c' + \tan \varphi'$$

所以有

$$c' = \frac{c}{F_s}, \varphi' = \arctan\left(\frac{\tan\varphi}{F_s}\right) \tag{5-43}$$

式中：

F_s——强度折减系数；

τ——剪应力；

c，φ——分别是黏聚力和内摩擦角。

有限元强度折减法计算原理明确，且计算机硬件技术的高速发展为其提供了有效的实现手段，因而被逐渐应用于稳定性分析中，但强度折减法仍然存在诸多问题。

①评判标准难以统一。强度折减法目前大致有三类主流判别标准，而不同的判别标准会导致分析结果有很大差异，各种评判方法各有优缺点，而何种评判标准更具合理性尚不明确。

②边坡失稳可以是由多种复杂因素共同作用导致的结果。其可能由土体强度参数发生变化引起，也可能由外部条件引起的结构物应力状态改变引起，抑或二者的共同影响所致，采用同一系数对强度参数进行折减，其物理意义并不十分明确。

③直接在有限元计算中进行，而强度参数折减后，由于涉及变形影响，有限元计算得到的应力场并非其折减前真实的应力场，此时的结构物已非原来的结构物。

二、有限元极限平衡法

有限元极限平衡法是学者邵龙潭提出并发展的确定性稳定性分析方法。他论证了沿滑动面抗剪强度的积分与剪应力的积分之比的安全系数定义的物理意义，并且通过以滑动面垂直控制坐标作为搜索变量，将稳定性分析问题转化为数学规划问题来求解最危险滑动面。该方法建立在弹塑性有限元应力计算的基础上，在不改变材料强度参数的前提下，引入具有明确物理意义的安全系数定义，使土体沿滑动面达到极限平衡状态，以得到最危险滑动面及相应安全系数。其具体做法：通过有限元分析软件得到结构物有效应力场，在假定滑动面存在的前提下，定义安全系数使土体沿滑动面达到极限平衡状态，以此安全系数评价土工结构物的安全稳定性。该方法理论体系更为严密，安全系数评价所使用的应力场为结构物真实应力场，直接进行优化搜索确定最危险滑动面，操作上更为方便，在工程实际中极具推广价值。

通常可认为土体强度满足摩尔－库仑强度准则，在平面应变条件下，对于

土体中的任意滑面 l，安全系数定义为

$$F_s = \frac{\int_0^l \left(c' + \sigma' \tan\varphi'\right) dl}{\int_0^l \tau dl} \tag{5-44}$$

式中：

σ'——法向有效应力；

c'——土体有效黏聚力；

φ'——有效内摩擦角。

对给定滑弧求解安全系数，首先需要对假定滑弧进行离散，将滑动面离散为 n-1 段微元 e，得到如下安全系数表述式：

$$F_s = \frac{\sum_{e=1}^{n-1} \int_e \left(c' + \sigma' \tan\varphi'\right) dl}{\sum_{e=1}^{n-1} \int_e \tau dl} \tag{5-45}$$

进行坐标变换，则有

$$\begin{cases} X = (1-\xi) X_1 / 2 + (1-\xi) X_2 / 2 \\ Y = (1-\xi) Y_1 / 2 + (1-\xi) Y_2 / 2 \end{cases} \tag{5-46}$$

其中，（X，Y）为离散微元任意点坐标，（X_1，Y_1）和（X_2，Y_2）为离散微元端点坐标，-1 ≤ ξ ≤ 1，则安全系数的曲线积分形式可表示为

$$F_s = \frac{\sum_{e=1}^{n-1} \int_{-1}^{+1} \left(c' + \sigma' \tan\varphi'\right)_\xi |J| d\xi}{\sum_{e=1}^{n-1} \int_{-1}^{+1} \tau_\xi \, d\xi} \tag{5-47}$$

雅克比行列式的表达式为：

$$|J| = \sqrt{\left(\frac{dX}{dY}\right)^2 + \left(\frac{dY}{d\xi}\right)^2} = \frac{1}{2}\sqrt{\left(X_2 - X_1\right)^2 + \left(Y_2 - Y_1\right)^2} \tag{5-48}$$

安全系数表示为二阶高斯积分形式：

$$F_s = \frac{\sum_{e=1}^{n-1} \sum_{J=1}^{2} \left(c' + \sigma' \tan\varphi'\right)_\zeta |J| H_J}{\sum_{e=1}^{n-1} \sum_{J=1}^{2} \tau_\zeta H_J} \tag{5-49}$$

式中，H_j=1 为高斯积分权数，而高斯积分点局部坐标 $\xi_j = \pm 1/\sqrt{3}$，单元体上的正应力与剪应力表示为

$$\begin{cases}\sigma' = \frac{1}{2}\left(\sigma_x + \sigma_y\right) + \frac{1}{2}\left(\sigma_x - \sigma_y\right)\cos 2\alpha + \tau_{xy}\sin 2\alpha \\ \tau' = \frac{1}{2}\left(\sigma_x - \sigma_y\right)\sin 2\alpha - \tau_{xy}\cos 2\alpha\end{cases} \tag{5-50}$$

式中（σ_x，σ_y，σ_{xy}）为微线段高斯点应力，α 为微线段法向与水平（x 轴）方向的夹角，表示为

$$\begin{cases}\sin 2\alpha = \frac{2Y'_n}{1+Y'^2_n} \\ \cos 2\alpha = \frac{1-Y'^2_n}{1+Y'^2_n} \\ Y'_n = -\frac{dX}{dY} = -\frac{X_2 - X_1}{Y_2 - Y_1}\end{cases} \tag{5-51}$$

滑动面微线段内高斯积分点局部坐标 ξ_j 对应的坐标值为

$$\begin{cases}X = \left(X_2 + X_1\right)/2 + \zeta_J\left(X_2 + X_1\right)/2 \\ Y = \left(Y_2 + Y_1\right)/2 + \zeta_J\left(Y_2 + Y_1\right)/2\end{cases} \tag{5-52}$$

依据式（5-52），只要求得高斯积分点的应力，便可获得滑动面对应安全系数。而高斯点的应力可以通过有限元单元的结点应力插值得到。首先需要确定高斯点在哪一个单元内，对于高斯点 C（X_C，Y_C）应同时满足下式：

$$\begin{cases}\min\left(x_j\right) \le X_C \le \max\left(x_j\right) \\ \min\left(y_j\right) \le Y_C \le \max\left(y_j\right) \\ j = 1,2,3,4\end{cases} \tag{5-53}$$

$$\left|\sum_{j=1}^{4} S_j - S\right| \le \delta \tag{5-54}$$

$$S = \frac{1}{2}\sum_{1}^{3}\begin{vmatrix} x_j & y_j \\ x_{j+1} & y_{j+1}\end{vmatrix} \tag{5-55}$$

$$S_j = \frac{1}{2}\begin{vmatrix} 1 & X_C & Y_C \\ 1 & x_j & y_j \\ 1 & x_{j+1} & y_{j+1}\end{vmatrix} \tag{5-56}$$

$$j = 1,2,3,4; x_5 = x_1, y_5 = y_1$$

式中（x，y）为有限元划分网格的结点坐标，j 为结点编号，如图 5.5 所示，其中，s 为四边形单元 i 的面积，而 S_j（j=1，2，3，4）为高斯点与四边形单元

结点所组成的四个三角形的面积，δ 为容许误差。

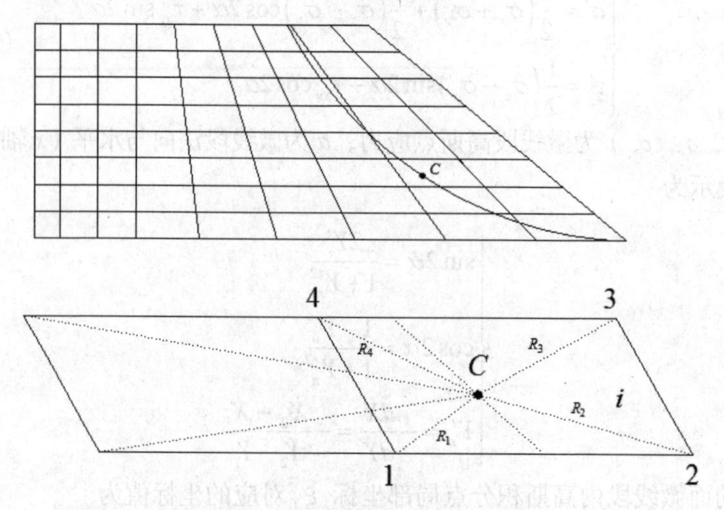

图 5.5 有限元划分网格的结点坐标

通过判别四个三角形面积正负可确定点 C 所在单元，并按照加权平均方法得到点 C 应力值如下：

$$\begin{cases} \sigma_x = \sum_{j=1}^{4} A_j \sigma_{xj} \\ \sigma_y = \sum_{j=1}^{4} A_j \sigma_{yj} \\ \tau_{xy} = \sum_{j=1}^{4} A_j \tau_{xy\,j} \end{cases} \tag{5-57}$$

上式中

$$\begin{cases} A_1 = R_2 R_3 R_4 / R, A_2 = R_1 R_3 R_4 / R \\ A_3 = R_4 R_1 R_2 / R, A_4 = R_1 R_2 R_3 / R \\ R = R_2 R_3 R_4 + R_1 R_3 R_4 + R_4 R_1 R_2 + R_1 R_2 R_3 / R \end{cases}$$

5.3.3 河堤稳定性分析程序

Autobank 软件是针对水利行业的要求而设计的，可对土坝、堤防、涵洞、水闸等水工建筑物进行详细的分析计算[67-68]，在水工渗流分析计算方面有很强的专业针对性，可以很好地满足人们对二维渗流稳定有限元计算分析的需要。Autobank 软件使用内置的瑞典圆弧条分法、毕肖普法、摩根斯顿法对河堤边坡稳定性进行计算。

下面利用 Autobank 软件对河堤进行模拟，通过内置的瑞典圆弧条分法计算水位波动影响土层应力分布的情况下的安全系数，分析其变化规律，以此分析渗流对河堤整体稳定性的影响。

一、渗流计算

对于稳定渗流，符合达西定律的非均各向异性二维渗流场，水头势函数满足微分方程

$$\frac{\partial}{\partial x}\left(k_x\frac{\partial \phi}{\partial x}\right)+\frac{\partial}{\partial y}\left(k_y\frac{\partial \phi}{\partial y}\right)+Q=0$$

式中：

$\phi=\phi(x,y)$——待求水头势函数；

x，y——平面坐标；

K_x，K_y——x，y 轴方向的渗透系数。

水头 ϕ 还必须满足一定的边界条件，经常出现以下几种边界条件。

①在上游边界上水头已知：

$$\phi=\phi_n$$

②在逸出边界水头和位置高程相等：

$$\phi=z$$

③在某边界上渗流量 q 已知：

$$k_x\frac{\partial \phi}{\partial x}l_x+k_y\frac{\partial \phi}{\partial y}l_y=-q$$

其中 l_x，l_y 为边界表面向外法线在 x，y 方向的余弦。

将渗流场用有限元离散，假定单元渗流场的水头函数势 ϕ 为多项式，由微分方程及边界条件确定问题的变分形式，可导出线性方程组：

$$[H]\{\phi\}=\{F\}$$

式中：

$[H]$——渗透矩阵；

$\{\phi\}$——渗流场水头；

$\{F\}$——节点渗流量。

求解以上方程组可以得到节点水头，据此求得单元的水力坡降、流速等物理量。求解渗流场的关键是确定浸润线位置。Autobank 采用节点流量平衡法通过迭代计算自动确定浸润线位置和渗流量。

二、稳定计算步骤

下面以 Autobank7 为例介绍程序采用条分法计算稳定系数的过程。

（一）形成分区

可以用任何一种方法建立计算断面的分区：直接绘制分区；绘制线条后形成分区；从 AutoCAD 导入线条后形成分区（一键导入或者从 DXF 文件导入）。

（二）对分区进行材料设定

选定一个分区，程序将显示其属性表，仅选择唯一分区时，属性表才被显示（键盘的“Esc”键可以撤销所有选择）。在属性表中选择这个分区的材料名称，完成后这个分区的颜色和材料表对应材料的颜色一致。重复操作，直到每个分区的材料被设定。也可以用格式刷，对分区进行材料设定。完成后，可以用“工具”菜单的“标注分区材料”显示分区的材料名。

（三）设置 Slope 水位线

Autobank7 在计算土条上的渗流作用力时，是根据图上“Slope 水位线”进行的。在施工期和运行期，可以不设置“Slope 水位线”，此种情况下程序不计算渗流力。但在水位降落期工况下，“Slope 水位线”必须设置。

可以将渗流计算结果的“浸润线”定义为“Slope 水位线”，也可以将手工绘制的多段线定义为“Slope 水位线”。定义“Slope 水位线”用“稳定计算”菜单下的“Slope 水位线”命令。操作时，程序提示输入水位线名称并选择图上的线条（可以选择图上的浸润线或者多段线），使用鼠标右键完成定义。水位线名称是任意的，但必须保证名称的唯一性，即不允许图上有重名的“Slope 水位线”，程序计算前会检查“Slope 水位线”名称的唯一性。完成后，程序自动标注名称和上下游水位数值。

（四）设置任务列表

Autobank7 可以一次求解各个工况下多种计算方法的安全系数，这项批处理的功能得益于“任务列表”。单击“稳定计算”菜单下的“任务列表”，弹出“任务列表”对话框。在“工况”“有效应力 / 总应力”“渗流”“解法”“地震加速度”等项目中进行选择，然后单击“添加到任务列表”按钮。

一根水位线可以有多种用途。例如，“设计水位”除了用于“运行期”“运行 + 地震”工况外，还作为降落期的“降前”水位使用。Autobank7 不限制滑动方向，向左或者向右都可以，用户可以根据需要在任务列表中设定。由于在任务列表中含有加速度项，所以完成列表后，在图上需要标注“Slope 坝基高程”，程序需要用此计算地震惯性力分布系数。

（五）计算安全系数

可求解指定滑动面、最危险滑面(圆弧)、最危险滑面(抛物线)的安全系数。

①求解指定滑动面：在图上绘制一个圆弧滑动面，选择“稳定计算”菜单下的“指定滑面安全系数”，选择绘制的滑面，单击右键，程序按照“任务列表”的内容，计算并绘制计算结果。

②求解最危险滑面（圆弧）：单击“稳定计算”菜单下的“搜索范围”，绘制最危险滑面的搜索区间：

单击“稳定计算”菜单下的“求解最危险滑面（圆弧）”，弹出对话框，选择“开始求解”开始计算：

③求解最危险滑面（抛物线）

其操作和求解圆弧滑动面一致，计算时单击“稳定计算”菜单下的“求解最危险滑面（抛物线）”即可。

三、考虑降雨情况下的稳定计算

（一）定义降雨浸润线

用“降雨浸润线”标明雨水入渗到达的深度范围。对地表与降雨浸润线之间的土体，Autobank7 通过改变容重，并且计入渗流作用来考虑降雨对河堤边坡稳定性的影响。

在程序的操作界面，可以把多段线、圆弧、样条曲线等几何线条转换为降雨浸润线，操作过程可选择“稳定”菜单下的“选择降雨浸润线”。一个断面可以有多个降雨浸润线，用于计算不同的降雨情况。

（二）定义降雨渗透力系数

选择降雨浸润线，通过设置“渗透力系数”计算降雨后湿润土体受到的渗流力作用。如渗透力系数 =1，计算抗滑力时计入全部孔隙压力；如渗透力系数 =0，抗滑力计算时不计孔隙压力。考虑到降雨时，地表以下饱和度逐步降低这一事实，Autobank7 分别设置地表和浸润线处的渗透力系数。计算时，程序在两点之间对土层的有效重量（有效重量 = 饱和重量 – 孔隙压力）进行积分求和，计算整个降雨影响范围内的有效重量，结合强度指标求得抗剪强度（抗滑力作用）。

程序默认渗透力系数在地表为 1，降雨浸润线处为 0，可以通过调整这两点的渗透力系数来考虑不同降雨、不同土质的饱和与非饱和渗流特征。

（三）在任务列表中选择降雨浸润线

与考虑渗流浸润线类似，在任务列表中选择降雨浸润线（事先在图中已经定义），可以在各个工况下选择不同的降雨浸润线。

5.4 算例分析

5.4.1 模型参数

某均质土坝，其几何结构如图 5.6 所示。土坝的填筑材料为粉质黏土，下覆一隔水层，高程设为 5 m。粉质黏土的参数如表 5.1 所示。河流水位由 24 m 下降到 20 m。

初始条件：河流初始水位为 24 m；土坝初始流场设为水平，水头与河流水位相平为 24 m。

边界条件：*PQ* 为隔水底板，作为不透水层，延 *x*、*y* 方向均固定；*QR* 边界作为定水头边界，水位为 24 m，延 *x* 方向固定；*OP* 边界作为给定水头边界，水头由 24 m 下降为 20 m，延 *x* 方向固定。

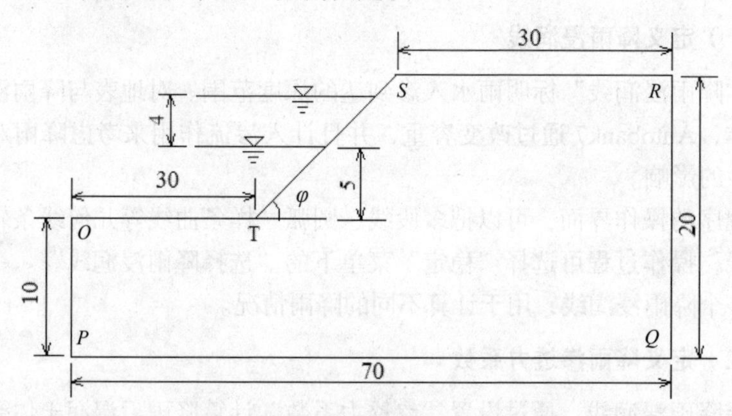

图 5.6 模型几何结构图（单位：m）

表 5.1 土层参数表

ρ/（kg/m^3）	ρ_{sat}/（kg/m^3）	ρ_w/（kg/m^3）	E/Pa	γ	K_{sat}/（m/s）	n	α	S_s/（1/m）	S_y	M/Pa
1550	2080	1000	2E7	0.3	5E−6	0.3	0.5	1E−6	0.05	4E8

其中：

ρ——土的干密度；

ρ_{sat}——土的饱和密度；

ρ_w——水的密度；

E——弹性模量；

γ——泊松比；

k_{sat}——土的饱和渗透系数；

n——孔隙率；

α——Biot 系数；

S_s——弹性释水系数；

S_y——给水度；

M——Biot 模量。

5.4.2　计算结果与分析

模型的网格划分如图 5.7 所示。

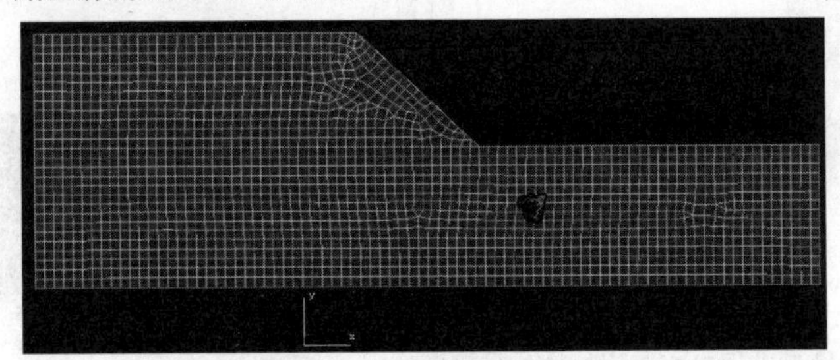

图 5.7　模型网格划分图

本次计算考虑到河堤表层土体有裂缝、河水浸泡表层土的软化作用、集中降雨入渗 3 种影响因素情况下的河堤稳定性。河堤上下游水位差在土层中形成渗流，通过自由面水位的分布情况分析渗流场的变化。根据相关数据统计分析可知，在河流水位骤降时的河堤失稳的频率更高，这里只进行河流水位降低情况的计算。具体计算工况如下。

工况 1：不考虑土层有裂缝、河水浸泡表层土的软化作用、集中降雨入渗情况下的渗流场与河堤的安全系数。

工况 2：只考虑土层有裂缝情况下的渗流场与河堤的安全系数。

工况 3：只考虑河水浸泡表层土的软化作用下的渗流场与河堤的安全系数。

工况 4：只考虑集中降雨入渗情况下的渗流场与河堤的安全系数。

工况 5：考虑土层有裂缝、集中降雨入渗情况下的渗流场与河堤的安全系数。

工况 6：考虑土层有裂缝、河水浸泡表层土的软化作用、集中降雨入渗情况下的渗流场与河堤的安全系数。

工况 7：考虑土层有裂缝、河水浸泡表层土的软化作用、集中降雨入渗情况，渗透系数受应变影响下的耦合计算的渗流场与河堤的安全系数。

一、计算结果

采用 Visual MODFLOW 模拟各工况的流场，可得到各时间步长的浸润线位置（图 5.8），以及渗流方向及大小（图 5.9）。

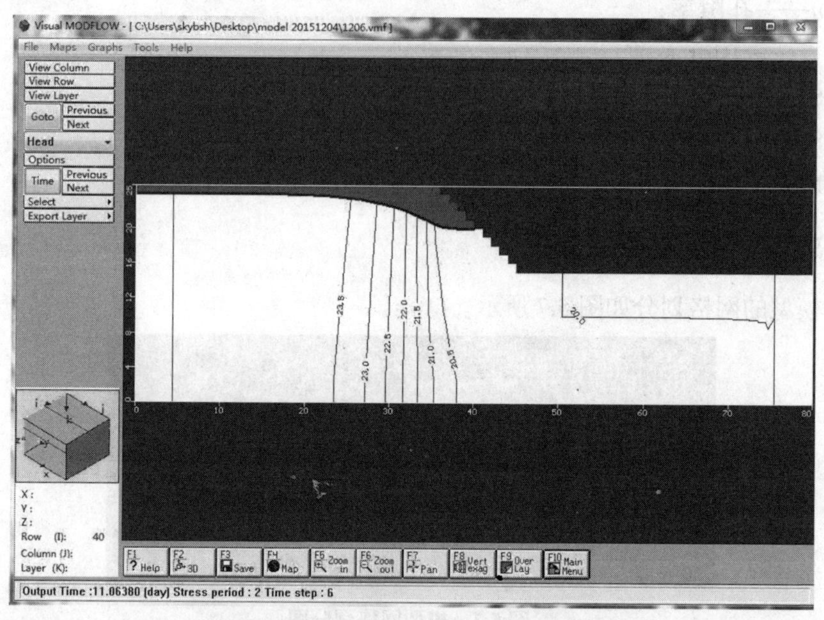

图 5.8　各时间步长的浸润线位置示意图

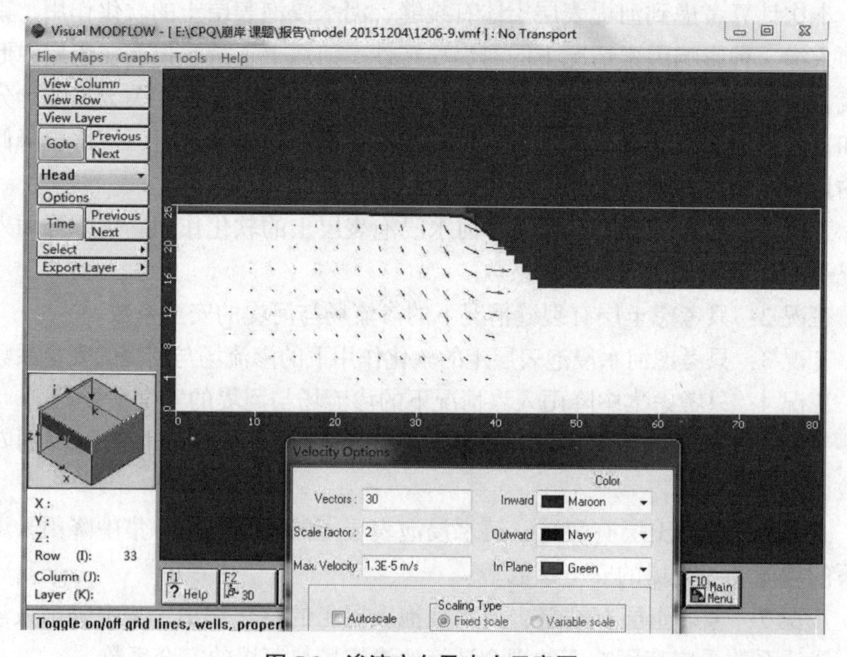

图 5.9　渗流方向及大小示意图

根据计算得到的浸润线位置，结合河堤尺寸结构和土质参数，运行 Autobank 中的稳定性分析，求解最危险滑面（图 5.10），以及计算得到河堤的安全系数。

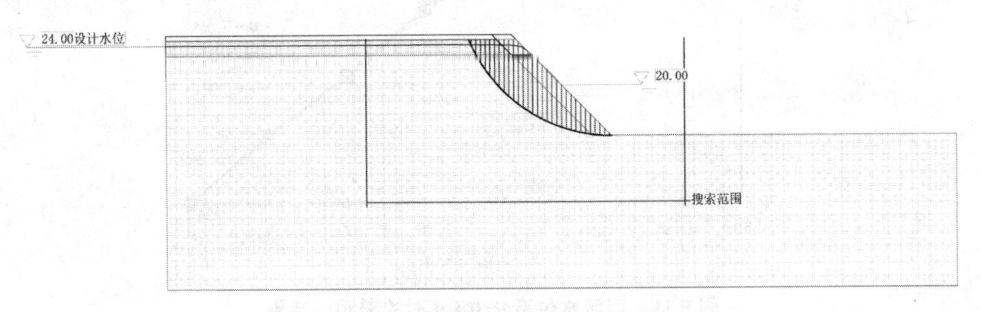

图 5.10　河堤最危险滑面示意图

根据各个工况所考虑的条件，设置不同的模型参数，模拟所得各工况下浸润线位置，如图 5.11、5.12（图 5.11 为河流水位变化 0.1 d 时的结果；图 5.12 为河流水位变化后 4.0 d 的结果，此时浸润线已趋于稳定）和表 5.2、表 5.3 所示。最大流速向量统计如表 5.4 所示，其中最大向量均出现在河流与河堤的交接处。各工况下河堤的安全系数如表 5.5 所示。

表 5.2　0.1 d 时浸润线计算结果统计表　（m）

离河堤线距离 /m	工况						
	1	2	3	4	5	6	7
15	23.999	23.998	23.999	24.021	24.021	24.021	24.021
10	23.998	23.997	23.998	24.020	24.019	24.019	24.018
5	23.992	23.990	23.977	23.994	23.993	23.964	23.962
4	23.939	23.940	23.803	23.939	23.941	23.819	23.822
3	23.081	23.082	23.045	23.081	23.082	23.052	23.053
2	21.999	22.000	22.002	21.999	22.000	22.010	22.011
1	21.045	21.046	21.054	21.045	21.046	21.061	21.062
0	20.000	20.000	20.000	20.000	20.000	20.000	20.000

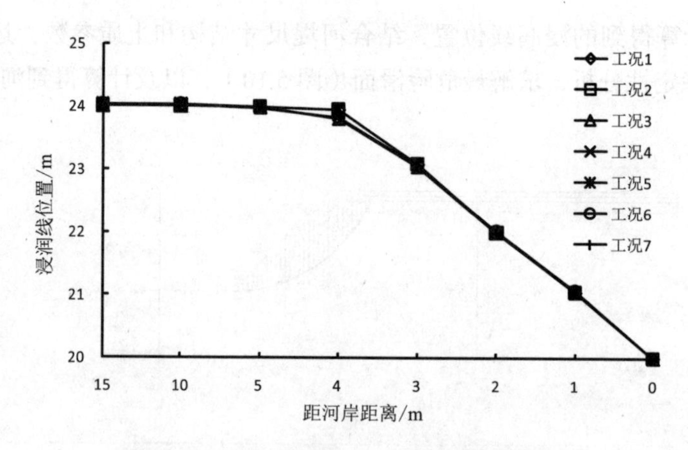

图 5.11　河流水位变化 0.1 d 时的浸润线结果

表 5.3　4.0 d 时浸润线计算结果统计表　（m）

离河堤线距离 /m	工况						
	1	2	3	4	5	6	7
15	23.340	23.107	23.281	23.389	23.146	22.914	22.850
10	22.877	22.683	22.695	22.919	22.720	22.295	22.248
5	21.710	22.067	20.948	21.736	22.098	21.131	21.186
4	21.345	21.769	20.487	21.365	21.796	20.825	20.894
3	20.990	21.313	20.319	21.005	21.333	20.570	20.622
2	20.602	20.804	20.180	20.611	20.816	20.327	20.358
1	20.295	20.396	20.084	20.299	20.403	20.155	20.170
0	20.000	20.000	20.000	20.000	20.000	20.000	20.000

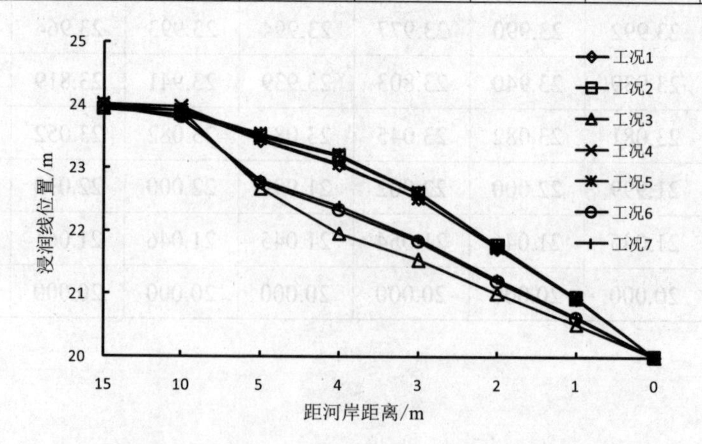

图 5.12　河流水位变化 4.0 d 时的浸润线结果

表 5.4　最大流速向量统计表　(m/s)

时刻	工况						
	1	2	3	4	5	6	7
0.1 d	5.6E−06	1.4E−05	5.6E−05	1.4E−05	1.4E−05	5.6E−05	5.8E−05
4.0 d	4.5E−06	1.2E−05	2.1E−05	1.1E−05	1.2E−05	2.8E−05	3.4E−05

表 5.5　安全系数计算结果（瑞典法）

时刻	解法	工况						
		1	2	3	4	5	6	7
0.1 d	无渗流	0.747	0.739	0.737	0.738	0.737	0.728	0.721
	有渗流	0.647	0.638	0.637	0.647	0.636	0.628	0.618
4.0 d	无渗流	0.748	0.746	0.739	0.746	0.740	0.739	0.728
	有渗流	0.713	0.661	0.649	0.677	0.660	0.647	0.637

三、结果分析

分析本节前文河堤的渗流场与安全系数计算结果可知：

①总体影响：根据图 5.9 所示河堤横截面的流速向量分布，最大流速向量出现在河堤线位置处；此处河堤频繁受水流冲刷，河堤土体容易被河水淘蚀。对比表 5.4 中工况 1 与工况 2、3、4 的最大流速向量计算结果可知，土层有裂缝、河水浸泡表层土的软化作用、集中降雨入渗情况下都会使最大流速向量增大，最大可增大 10 倍（0.1 d 时工况 3 河水浸泡表层土的软化作用），加剧了河堤线位置土体的不稳定性，使得河堤的安全系数降低。

②上层土裂缝的影响：对比表 5.2 和表 5.3 中工况 1 与工况 2（有裂缝）的浸润线位置，在离河堤线较远处（15 m、20 m）工况 1 水位高于工况 2 的水位，而在离河堤线较近的位置（小于 5 m）工况 2 水位高于工况 1 的水位；这是由于土体裂缝增加了表层土的渗透性，上边界处地下水渗流速度增大，水流在河堤线附近聚集，水位有所抬升，会降低河堤的稳定性，表现在最大流速向量增大 2.5 ～ 2.7 倍（见表 5.4）和安全系数降低 0.3% ～ 7.9%（见表 5.5）。

③河水浸泡表层土的软化作用影响：对比表 5.2 和表 5.3 中工况 1 与工况 3 中数据，河水浸泡河堤表层土，会增大土体的渗透性，从而降低了土体的抗剪强度，对河堤的稳定性影响较大，使得近岸处渗流速度加大、水位下降（见图 5.12），最大流速向量增大 4.7 ～ 10.0 倍（见表 5.4），安全系数降低 1.4% ～ 9.9%（见表 5.5）。

④集中降雨入渗的影响：对比表 5.3 ～ 5.5 工况 1 与工况 4 数据，降雨入渗会使河堤荷载增大，地下水位抬升（见图 5.14），最大流速向量增大 2.4 ～ 2.5 倍（见表 5.4），安全系数降低 1.0% ～ 5.3%（见表 5.5）；若恰逢表层土有裂缝存在，降雨入渗的影响加大，最大流速向量增大 2.5 ～ 2.7 倍（见表 5.4 中工况 5），安全系数降低 0.2% ～ 8.0%（见表 5.5 中工况 5）。

⑤不考虑耦合情况下，影响因素的综合影响：工况 6 考虑了 3 种影响因素的综合影响，对河堤稳定性的影响表现在最大流速向量增大 6.2 ～ 10.0 倍（见表 5.4 中工况 6），安全系数降低 1.2% ～ 10.2%（见表 5.5 中工况 6）。

⑥考虑耦合情况下，影响因素的综合影响：工况 7 考虑了 3 种影响因素的综合影响以及土水的耦合作用，对河堤稳定性的影响表现在最大流速向量增大 7.6 ～ 10.4 倍（见表 5.4 中工况 6）和安全系数降低 2.7% ～ 11.9%（见表 5.5 中工况 6）；土水耦合的计算过程综合了渗流场变化对土层应力场的影响，进而改变了土层的渗透性与抗剪强度，计算结果更为严谨。

⑦根据表 5.5 中无渗流与有渗流的安全系数计算结果对比：有渗流情况下的计算值明显小于无渗流情况下的计算值，河堤土体中的渗流会明显降低河堤的稳定性，降低程度为 14.1% ～ 16.7%（0.1 d）、4.9% ～ 14.3%（4.0 d），说明了渗流对河堤稳定性的影响是不可忽视的；在河流水位降落初期，渗流对河堤稳定性的影响较大；随渗流时间增长，河堤中的地下水位回落，渗流对河堤的稳定性影响逐渐减弱；

第6章 总结与展望

6.1 总 结

多年来多数学者关于崩岸机制研究方面，形成了以下共识：崩岸形成的外因是流水冲刷导致的河床边坡失稳，内因则是河床边坡本身的地质地貌和渗流等所决定的重力稳定性。渗流是导致河堤崩岸的因素之一，其机制还未得到有效的揭示。本书基于目前河堤崩岸的不同影响因素对崩岸的作用的理论研究，针对渗流作用对河堤稳定性的影响，利用室内试验测量土的关键参数随含水量和应力的变化，揭示渗透系数和抗剪强度与含水量和应力的关系式，并构建渗流破坏的非稳定模型，进一步利用有限元进行数值模拟，进行渗流的影响及破坏机制研究。本研究不仅能为崩岸发生的可能性及区域研究提供关键参数，而且为有效地治理和预防大堤发生崩岸研究提供相关科学依据。

本书分析了水土的物理作用对土层的渗透系数、抗剪强度和稳定性的影响，以及渗流影响下崩岸的主要类型、特征及崩岸机制；从影响河堤稳定的关键参数——土的渗透系数与抗剪强度进行试验的相关研究，包括土的渗透系数随围压的变化、土在不同应力状态下的固结作用及不同含水率下土的抗剪强度试验，建立土的渗透系数、抗剪强度、固结随含水率及应力变化的关系式；结合案例，定量分析渗流与不良地质条件对河堤稳定性的影响。其中主要创新成果如下。

①根据河堤崩岸的影响因素分析，确定不良地质条件与渗流的作用主要有降雨入渗、表层土裂缝、水对土的软化作用3个关键因素。

②渗透系数与干密度和应力的关系可用 $k = ae^{b\rho}(\sigma/\sigma_0)^c$ 表示，推导了应力影响下土层渗透系数的计算式，并构建流固耦合的渗流微分方程 $P\frac{\partial}{\partial x}(\sigma^c\frac{\partial h}{\partial x}) + P\frac{\partial}{\partial y}(\sigma^c\frac{\partial h}{\partial y}) + E\frac{\partial}{\partial z}(\sigma^c\frac{\partial h}{\partial z}) - W = S_s\frac{\partial h}{\partial t}$。

③粉质黏土的饱和密度随着应力的增大而增大，在应力为 100 kPa 以内土的饱和密度增大较快，100 kPa 以上土的饱和密度增幅趋于缓慢。在 400 kPa 时，饱和密度增幅为 5%（原饱和密度为 2.00 g/cm³ 时）至 9%（原饱和密度为 1.85 g/cm³ 时）。

④根据试验数据，非饱和时粉质黏土的黏聚力与含水率的关系可用乘幂函数形式拟合：$C = A\omega^B$；非饱和时粉质黏土的内摩擦角与含水率的关系可用线性函数形式拟合：$\phi = D\omega + E$；饱和时粉质黏土的黏聚力与浸泡时间的关系可用指数函数形式拟合：$C' = 16.56e^{-0.008t}$；饱和时粉质黏土的内摩擦角与浸泡时间的关系可用对数函数形式拟合：$\varphi' = -1.246\ln(t) + 12.3$。

⑤通过算例计算，定量分析不良地质条件和渗流对河堤稳定性的影响程度：在单个因素影响下，河水浸泡表层土的软化作用对河堤的稳定性影响最大，安全系数降低可达 9.9%，其次是集中降雨入渗的影响（8.0%）和上层土裂缝的影响（7.9%）；在 3 种影响因素的综合影响下，河堤的安全系数降低 1.2% ~ 10.2%；进行土水耦合计算的结果显示，在 3 种影响因素的综合影响下，河堤的安全系数降低 2.7% ~ 11.9%；有渗流情况下的计算值明显小于无渗流情况的计算值，河堤土体中的渗流会明显降低河堤的稳定性，降低程度为 14.1% ~ 16.7%（0.1 d）、4.9% ~ 14.3%（4.0 d）。

6.2 展 望

①各因素的影响程度定性描述较多，缺少定量描述：目前学者们对影响河堤稳定性的因素分析得较为全面，但主要是从宏观方面描述各因素的影响，对各因素的影响机理及定量描述较为缺乏。

②土的各种物理参数随着含水量、浸泡时间等因素而变，因此河堤的稳定性是个变化的过程，其随时间及条件而变的规律有待解决。

③现有的流固耦合计算大多是以间接耦合为主的，即先计算渗流场变化，再代入应力场进行参数计算，然后将计算所得的参数及土层信息代入渗流场计算；如何构建流场参数与应力场的关系，进行耦合计算是个难题。

④更精确、快捷的数值方法的研究：数值法能适用于复杂水文地质条件的区域，广泛运用于实际中，但不同的数值方法存在着弥散、收敛精度问题，有待开发构建一适用条件广泛且高精度的数值法。

⑤本书只针对二维流进行探讨，边界条件较为复杂的三维流还有待下一步研究。

参考文献

［1］AKODE M OSMAN，COLIN R THORNE. River bank stability analysis：Ⅰ：theory［J］. Journal of the Geoteehnieal Engineering Division，1988，114（2）：134-150.

［2］AKODE M OSMAN， COLIN R THORNE. River bank stability analysis：Ⅱ：applieation ［J］. Journal of the Geoteehnieal Engineering Division，1988，114（2）： 151-172.

［3］STEPHEN E DARBY，COLIN R THORNE，ANDREW SIMON. Numerical simulation of widening and bed deformation of straight sand-bed rivers： Ⅰ：model development ［J］. Journal of Hydraulie Engineering，1996， 122（4）：184-193.

［4］STEPHEN E DARBY，COLIN R THORNE，ANDREW SIMON. Numerical simulation of widening and Bed Deformation of Straight Sand-bed Rivers：Ⅱ：model evaluation［J］. Journal of Hydraulic Engineering，1996， 122（4）：190-202.

［5］ROBERT G MILLAR，MIEHAEL C QUIEK. Effect of bank stability on geometry of gravel Rivers［J］. Journal of Hydraulie Engineering， 1993，119（12）：1343-1363.

［6］冷魁．长江下游窝崩形成条件及防护措施初步研究［J］.水科学进展，1993，4（4）：281-287.

［7］吴玉华，苏爱军，崔政权，等．江西省彭泽县马湖堤崩岸原因分析［J］.人民长江，1997，28（4）：27-30.

［8］黄本胜，白玉川，万艳春．河岸崩塌机理的理论模式及其计算［J］.水利学报，2002，33（9）：49-54.

［9］朱伟，刘汉龙，高玉峰．堤防抗震设计的原则与方法［J］.2002（10）：113-118.

[10] 朱伟，刘汉龙，山村和也.河川崩岸的发生机制及其治理方法[J].水利水电科技进展，2001，21(1)：62-65.

[11] HEMPHILZ，BRAMLEY. Proteetion of river and canal banks [M]. London： published by Butterworth，1989.

[12] 丁普育，张敬玉.江岸土体液化与崩塌关系的探讨[C]//长江水利水电科学研究院.长江中下游护岸工程论文集：第三集.武汉：长江水利水电科学研究院，1985：104-109.

[13] 张岱峰.从人民滩窝崩事件看长江窝崩的演变特性[J].镇江水利，1996(2)：42-46.

[14] 王永.长江安徽段崩岸原因及治理措施分析[J].人民长江，1999，30(10)：19-20.

[15] 潘锦江，潭泳.北江大堤崩岸机理及其工程措施探讨[J].广东水利水电，2002(1)：47-48.

[16] 孙役，王思志，黄远智.暴雨入渗下裂缝岩体边坡渗流及稳定分析[J].水力水电技术，1999，30(5)：38-40.

[17] 张家发，张伟，朱国胜，等.三峡工程永久船闸高边坡降雨入渗试验研究[J].岩石力学与工程学报，1999，18(2)：137-141.

[18] 戚国庆，黄润秋.降雨引起的边坡位移研究[J].岩石力学，2004，25(3)：380-382.

[19] 戴会超，朱岳明，田斌.三峡船闸高边坡降雨入渗的三维数值仿真[J].岩石力学，2006，27(5)：749-753.

[20] 毛昶熙.渗流计算分析与控制[M].2版.北京：中国水利水电出版社，2003.

[21] 陈祖煜，陈立宏，张天明，等.云南务坪水库软基筑坝关键技术[M].北京：中国水利水电出版社，2004.

[22] 弗雷德隆德，拉哈尔佐.非饱和土土力学[M].陈仲颐，张在明，陈愈炯，等译.北京：中国建筑工业出版社，1997.

[23] 黄润秋，许强，戚国庆.降雨及水库诱发滑坡的评价与预测[M].北京：科学出版社，2007.

[24] 朱文彬，刘宝琛.公路边坡降雨引起的渗流分析[J].长沙铁道学院学报，2002，20(2)：104-108.

[25] 龚壁卫，刘艳华，詹良通.非饱和土力学理论的研究意义及其工程应用[J].人民长江，1999，30(7)：20-23.

［26］BISHIP A W， BLIHGT G E. Some aspeet of effective stress in saturated and partly saturated and partly saturated soils［J］. Geoteehnique，1963，13（3）：177-197.

［27］GNA J K M， FREDLUND D G， RAHARDJO H. Determination of the shear strength parameters of an unsaturated soilusing the direct shear test［J］. Cna.Geoteeh. J.，1988，25（3）：500-510.

［28］徐永福，傅德明．非饱和土的结构强度的研究［J］．工程力学，1999，16（4）：73-77.

［29］熊承仁，刘宝琛，张家生，等．重塑非饱和黏土抗剪强度参数与饱和度的关系研究［J］．岩土力学（增刊2），2003，24（10）：195-198.

［30］长江水利水电科学研究院．长江中下游护岸工程论文集：第二集［C］．武汉：长江水利水电科学研究院，1982.

［31］黄河．河岸崩塌机理及其流固耦合模型研究［D］．南昌：南昌大学，2008.

［32］岳红艳，余文畴．长江河道崩岸机理［J］．人民长江，2002，33（8）：20-22.

［33］姚海林，郑少河，李文斌，等．降雨入渗对非饱和膨胀土河堤稳定性影响的参数研究［J］．岩石力学与工程学报，2002，21（7）：1034-1039.

［34］周志芳，龚友平．地下水对边坡稳定性作用的动态效应［J］．勘察科学技术，1990（4）：14-19.

［35］黄涛，罗喜元，邬强，等．地表水入渗环境下边坡稳定性的模型试验研究［J］．岩石力学与工程学报，2004，23（16）：2671-2675.

［36］ALONSO E，GENS A， LIORET A，et al. Effect of rain infiltration on the stability of slopes［J］. Unsaturated Soils. 1995（1）：241-249

［37］王继华．降雨入渗条件下土坡水土作用机理及其稳定性分析与预测预报研究［D］．长沙：中南大学，2006.

［38］洛圣民．非饱和粉质黏土抗剪强度特性试验研究及其对边坡稳定性的影响分析［D］．杭州：浙江工业大学，2012.

［39］徐永福，董平．非饱和土的水分特征曲线的分形模型［J］．岩土力学，2002，23（4）：400-405.

［40］张幸农，陈长英，应强，等．渐进式崩岸基本特征及其形成原因［J］．泥沙研究，2012（3）：46-50.

[41] 刘红星，王永平 . 长江中下游干流河段岸坡变形失稳的基本模式 [C] // 长江重要堤防隐蔽工程建设管理局，长江科学院 . 长江护岸及堤防防渗工程论文选集 . 北京：中国水利水电出版社，2001：41-46.

[42] 张幸农，蒋传丰，陈长英，等 . 江河崩岸的类型与特征 [J] . 水利水电科技进展，2008，28（5）：66-70.

[43] 钱家欢 . 土力学 [M] . 南京：河海大学出版社，1988.

[44] 刘和平，陈美芙 . 黏土渗透仪的改进与探讨 [J] . 环境科学研究，1996，9（1）：54-57.

[45] 朱国胜，张家发，陈劲松，等 . 宽级配粗粒土渗透试验尺寸效应及边壁效应研究 [J] . 岩土力学，2012，33（9）：2569-2574.

[46] 朱思哲，刘虔，包承钢，等 . 三轴试验原理与应用技术 [M] . 北京：中国电力出版社，2003.

[47] BAKER R，GARBER M. Theoretical analysis of the stability of slops [J] . Geotechnique，1978，28（4）：395-411.

[48] 蔡尚俊 . 河水位升降对某滑坡地下水渗流与滑坡稳定性影响 [D] . 成都：成都理工大学，2013.

[49] 李跃，杨永生 . 土坡基质吸力动态变化的数值模拟方法 [J] . 现代矿业，2010（3）：78-80.

[50] 王博，刘耀伟，孙小龙，等 . 断层对地下水渗流场特征影响的数值模拟 [J] . 地震，2008，28（3）：115-124.

[51] 李小伟，王世梅，黄净萍 . 密度对非饱和粘土渗透系数的影响研究 [J] . 西北地震学报（增刊 1），2011，33：214-217.

[52] GARCIA-BENGOCHEA I，LOVELL C W，ALTSCHAEFFL A G. Pore distribution and permeability of silty clays [J] . Journal of the Geotechnical Engineering Division，1979，105（7）：839-856.

[53] 黄达，曾彬，王庆乐 . 粗粒土孔隙比及级配参数与渗透系数概率的相关性研究 [J] . 水利学报，2015，46（8）：900-907.

[54] CHU J，BOM W，CHANG M F，et al. Consolidation and permeability properties of singapore marine clay [J] . Journal of Geotechnical and Geoenvironmental Engineering，2002，128（2）：724-732.

[55] 吕卫清，董志良，陈平山，等 . 正常固结软土渗透系数与固结应力关系研究 [J] . 岩土力学，2009，30（3）：769-773.

[56] MARSHALL T J. A Relation between permeability and size distribution of pores [J]. European Journal of Soil Science, 1958, 9 (1): 1-8.

[57] 党发宁，刘海伟，王学武，等. 基于有效孔隙比的黏性土渗透系数经验公式研究 [J]. 岩石力学与工程学报，2015 (9): 1909-1917.

[58] 李作勤，陈大珉，闻新芳. 黏土固结参数变化的分析 [J]. 岩土力学，1985，6 (2): 37-49.

[59] 孙德安，许志良. 结构性软土渗透特性研究 [J]. 水文地质工程地质，2012，39 (1): 36-41.

[60] 顾正维，孙炳楠，董邑宁. 黏土的原状土、重塑土和固化土渗透性试验研究 [J]. 岩石力学与工程学报，2003，22 (3): 505-508.

[61] 刘建军，何翔，冯夏庭. 基于压水试验数据的渗透系数应力敏感性研究 [J]. 岩石力学与工程学报（增刊 1），2005，24: 4724-4727.

[62] 董邑宁. 饱和黏土渗透特性的试验研究 [J]. 青海大学学报（自然科学版），1999 (1): 6-13.

[63] 冯晓腊. 饱和黏性土渗透性的研究现状及其发展方向 [J]. 地质科技情报，1988，7 (3): 53-58.

[64] 桂春雷，石建省，刘继朝，等. 含水层渗透系数预测及不确定性分析耦合模型 [J]. 水利学报，2014，45 (5): 521-528.

[65] 薛禹群，朱学愚. 地下水动力学 [M]. 2 版. 北京：地质出版社，1997.

[66] 张玉洁. 坡体水位下降引起的边坡变形及稳定性影响分析 [D]. 杭州：浙江大学，2006.

[67] 李海洋. 基于 AutoBANK 软件的闸基渗流分析 [D]. 青岛：中国海洋大学，2015.

[68] 敬晨，李鹏飞. Autobank 软件在堤防渗流稳定计算中的应用 [J]. 黑龙江水利科技，2015，43 (11): 48-50.